2017 年"一流应用技术大学"建设系列教材

Android APP 项目开发教程

Android APP Project Development Course

主　编　赵　旭　王新强

副主编　隋秀丽　刘　明　王庆桦

参　编　苗　雨　张　磊

主　审　邓　蓓　凌　笠

西安电子科技大学出版社

内 容 简 介

本书将整个知识体系的讲授贯穿在一个完整的手机 APP 项目案例中，以上课智能签到系统——"优签到"为主线，以工作过程作为编写思路，通过对案例的深入剖析，循序渐进地讲解了 Android 应用开发所必须具备的基础知识，在完成项目开发任务的同时让读者掌握 Android APP 开发所需要的基本技能，最终提高读者应用开发的实践能力。

本书在语言描述上力求准确、通俗易懂，在配图上力求丰富、生动、形象，在案例设计上力求贴合实际工作需求，把书本上的知识切实应用到实际开发中。

本书适合作为高等职业院校和应用技术型大学计算机相关专业程序设计类课程的专用教材，也是适合初学者的入门书籍。

图书在版编目(CIP)数据

Android APP 项目开发教程 / 赵旭，王新强主编. —西安：西安电子科技大学出版社，2020.9
ISBN 978-7-5606-5178-1

Ⅰ.①A… Ⅱ.①赵… ②王… Ⅲ.①移动终端—应用程序—程序设计—教材
Ⅳ.①TN929.53

中国版本图书馆 CIP 数据核字(2018)第 276353 号

策划编辑 毛红兵 刘玉芳
责任编辑 刘炳桢 刘玉芳
出版发行 西安电子科技大学出版社(西安市太白南路 2 号)
电　　话 (029)88242885 88201467　　邮　　编 710071
网　　址 www.xduph.com　　　　　　电子邮箱 xdupfxb001@163.com
经　　销 新华书店
印刷单位 陕西天意印务有限责任公司
版　　次 2020 年 9 月第 1 版　　2020 年 9 月第 1 次印刷
开　　本 787 毫米×1092 毫米　1/16　印 张 19
字　　数 449 千字
定　　价 48.00 元

ISBN 978-7-5606-5178–1 / TN
XDUP 5480001–1
如有印装问题可调换

天津中德应用技术大学

2017 年"一流应用技术大学"建设系列教材

编 委 会

主　任：徐珲颖

委　员：(按姓氏笔画排序)

王庆桦　王守志　王金凤　邓　蓓　李　文

李晓锋　杨中力　张春明　陈　宽　赵相宾

姚　吉　徐红岩　靳鹤琳　薛　静

前　言

　　Android 应用程序开发以培养学生从 APP 项目开发到项目部署与发布的能力为目标，是学生后续就业和技能提升的基础。随着计算机技术、网络技术的快速发展，Android 应用程序开发面临着前所未有的机遇和挑战。但同时，高校 Android 应用程序开发课程的教学普遍存在着教学大纲和课堂教学统一化的现象，导致课程目标同质化，严重制约学生对课程学习的个性化需求。基于这样的现状，对 Android 相关课程实施分级、分类教学改革势在必行，因材施教，激发学生的学习兴趣，体现教学的时效性和针对性，有效解决当前高等职业院校及应用技术型本科院校 Android 应用程序开发教学改革的瓶颈问题。

　　针对学生将来工作过程中的细节和任务，同时针对 Android 技术的现状，构建科学合理、内容新颖、突出综合知识应用能力的实验体系是提高 Android 应用程序开发教学质量的手段之一。基于这种背景，我们以"学习情境"→"工作任务"→"问题导入"→"学习目标"→"任务描述"→"知识与技能"→"任务实现"→"习题"→"任务总结"为线索，编写了本书。

　　本书以"优签到"APP 为主线，循序渐进地讲解了 Android 开发中所包含的技能点，共分为六个学习情境，分别为"优签到"开发前准备工作、教师信息模块开发、学生签到模块开发、学生签到信息统计模块开发、通讯录模块开发和 Android Studio 常见报错处理与"优签到"项目开发。每个学习情境中包含了若干个任务，每个任务都有对应的技能点和任务实现，包括从 Android 的环境搭建到 Android 项目开发中的必备技能，再到常见报错处理与 Android 项目开发技能的提升，以使学生了解和掌握 Android 开发的全过程。本书采用系统化方式编写，可以让学生更深入地了解开发流程。

　　本书涉及的知识面广，内容循序渐进、由浅入深，可以满足不同学时、不同基础读者的学习需求。

　　本书的出版得益于同行众多类似教材的启发，亦得到了天津中德应用技术大学的大力支持和相关领导的精心指导，还得到了同行同事、行业专家、企业人员的帮助和真诚关怀，在此谨向他们表示衷心的感谢！

　　由于编者水平有限，书中难免有不足之处，请读者不吝赐教。

编　者

目 录
Contents

学习情境一　"优签到"开发前准备工作

工作任务一　了解 Android

【问题导入】

20 世纪后期，手机走进了人们的生活。作为 20 世纪的"新生儿"，它的"成长"也渐渐地改变着人们的生活。当然，在手机不断发展的过程中，伴随它的是一次又一次的功能改进。到目前为止，Android 成为使用人数最多的系统。那么，Android 为什么会独占鳌头呢？下面来探索一下它的发展历程。

【学习目标】

通过对 Android 的学习，熟悉 Android 的功能、架构及其特性，了解 Android 开发过程中应注意的问题，掌握 Android 开发时快捷键的使用，具备简单操作 Android Studio 的能力。

【任务描述】

为了满足各高校的课堂教学，开发人员使用 Android 开发了一款名为"优签到"的考勤系统 APP。该 APP 既减轻了课堂点名的烦琐过程，又节省了大量的上课时间。本任务概述了"优签到" APP 的功能。

【知识与技能】

技能点 1　Android 概述

1. Android 简介

Android 的本意是"机器人"，这个词汇最早出现于法国作家利尔亚当(Auguste Villiers de l'Isle-Adam)在 1886 年发表的科幻小说《未来夏娃》(L'ève future)中。小说中将外表像人的机器起名为"Android"。

Android 是一个移动设备软件堆，它包括操作系统、中间件、用户界面和关键应用软件。换言之，Android 是基于 Java 并运行在 Linux 内核上的轻量级操作系统，其功能强大，包括一系列 Google 公司在其中内置的应用软件，如打电话、发短信等基本应用功能。

2．Android 版本

自 Android 首次发布距今，已经出现了很多的版本，具体如表 1.1 所示。

表 1.1　Android 版本列表

Android 版本	发布日期	代　号
1.1	2009 年 02 月 09 日	Bender(发条机器人)
1.5	2009 年 04 月 30 日	Cupcake(纸杯蛋糕)
1.6	2009 年 09 月 15 日	Donut(炸面圈)
2.0/2.1	2009 年 10 月 26 日	Eclair(长松饼)
2.2	2010 年 05 月 20 日	Froyo(冻酸奶)
2.3	2010 年 12 月 06 日	Gingerbread(姜饼)
3.0	2011 年 02 月 03 日	Honeycomb(蜂巢)
4.1	2012 年 06 月 28 日	Jelly Bean(果冻豆)
4.2	2012 年 10 月 30 日	Jelly Bean(果冻豆)
4.3	2013 年 07 月 25 日	Jelly Bean(果冻豆)
4.4	2013 年 11 月 01 日	KitKat(巧克力棒)
5.0/5.1	2014 年 10 月 16 日	Lollipop(棒棒糖)
6.0	2015 年 05 月 28 日	Marshmallow(棉花糖)
7.0	2016 年 05 月 18 日	Nougat(牛轧糖)
8.0	2017 年 08 月 22 日	Oreo(奥利奥)
9.0	2018 年 08 月 07 日	Pie(馅饼)

3．Android 功能

Android 的功能强大，具体包括以下几个方面。

(1) 存储：使用 SQLite(轻量级的关系数据库)进行数据存储。

(2) 连接性：支持 GSM/EDGE、IDEN、CDMA、EV-DO、UMTS、Bluetooth(包括 A2DP 和 AVRCP)、WiFi、LTE 和 WiMAX。

(3) 消息传递：支持 SMS 和 MMS。

(4) Web 浏览器：基于开源的 WebKit，并集成 Chrome 的 V8 JavaScript 引擎。

(5) 媒体：支持 H.263、H.264(在 3GP 或 MP4 容器中)、MPEG-4 SP、AMR、AMR-WB、AAC、HE-AAC(在 MP4 或 3GP 容器中)、MP3、MIDI、WAV、IPEG、PNG、GIF 和 BMP。

(6) 硬件：支持加速传感器、摄像头、数字式罗盘、接近传感器和全球定位系统。

(7) 多点触摸：支持多点触摸屏幕。

(8) 多任务：支持多任务应用。

(9) Flash 支持：Android 3.0 及以上版本支持 Flash 10.1。

4．Android 架构

Android 操作系统的各个层面如图 1.1 所示。通过对 Android 架构的学习，可以更全面地了解 Android 系统。

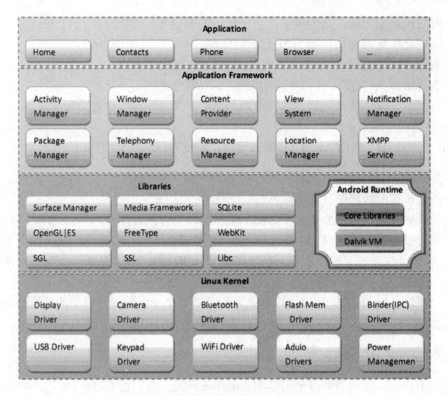

图 1.1 Android 操作系统(OS)的各个层面

从架构图上看，Android 从高到低分为四层，分别是 Application(应用程序层)、Application Framework(应用程序框架层)、Libraries(系统运行库层)和 Linux Kernel(Linux 内核层)。

(1) 应用程序层：该层主要是 Android 自带的一些应用程序，如电话号码、联系人、浏览器等，还包括从 Android Market 应用程序商店下载和安装的应用程序。

(2) 应用程序框架层：该层主要是对程序员开放的 Android 操作系统的各种功能，以便在应用程序中使用。

(3) 系统运行库层：该层主要包含一些 C/C++库，这些库能被 Android 系统中不同的组件使用。

(4) Linux 内核层：该层为 Android 的内核，包括由 Android 设备的各种硬件组建的底层设备驱动程序。

5. Android 特性

Android 具有如下特性：

(1) 能够灵活地运用程序框架，支持组件的重用和替换。

(2) 娱乐功能丰富，包括常见的音频、视频和静态映像文件格式(如 MPEG4、MP3、AAC、AMR、JPG、PNG 和 GIF)。

(3) 优化的图形库，包括定制 2D 图形库和 3D 图形库,其中 3D 图形库基于 OpenGL ES 1.0。

(4) 拥有专门的为移动设备优化的虚拟机——Dalvik。

(5) 内部集成浏览器，这个浏览器基于开源的 WebKit 引擎。

(6) 结构化的数据存储使用了 SQLite 数据库。

(7) 支持 USB、蓝牙、WiFi 等多种数据传输(依赖于硬件)。

(8) 支持摄像头、GPS、指南针和加速度器(依赖于硬件)。

(9) 丰富的开发环境，包括设备模拟器、调试工具、内存及性能分析图表和 Eclipse 集成开发环境插件等。

(10) 支持 GSM、WCDM、LTE 等多种移动电话技术。

6．Android 优势

Android 和其他编程语言相比，具有以下优势：

(1) 开放性。开放性主要指基于 Android 开发的平台允许任何的移动终端厂商加入。

(2) 支持硬件设施多样性。随着 Android 开放性的施展，许多硬件厂家会推出各种不同的产品，尽管产品样式不同，功能上也存在着差异和特色，却不会影响到数据同步及软件的兼容。

(3) 便捷性。Android 平台提供给第三方开发商一个十分宽泛、自由的环境，不会受到各种规定的束缚，因此开发商能够发挥自己的创新能力，开发出更多的应用程序。

技能点 2　Android Studio

Android Studio 是由谷歌推出的新的 Android 开发工具，在 GitHub 中很多项目都使用 Android Studio 开发。

1．Android Studio 的优势

Android Studio 具有如下优势：

(1) 构建程序界面方便。Android Studio 编辑器不仅吸收了 Eclipse+ADT 的优点，还自带界面实时预览，并且界面显示非常清晰，便于修改。Android Studio 编辑器还提供了大量的手机屏幕尺寸以供选择，如图 1.2 所示。

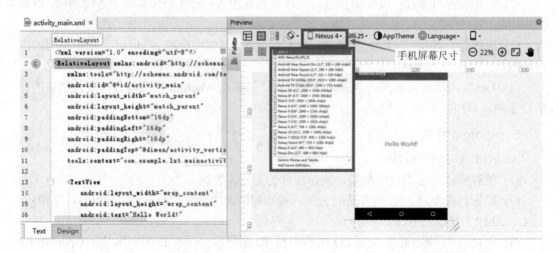

图 1.2　Android Studio 的编辑器界面

（2）打印信息详细。在项目中遇到的问题，包括编写、设计、开发、打包构建等过程中遇到的错误信息都会在控制台中打印，便于问题的发现和定位，如图 1.3 所示。

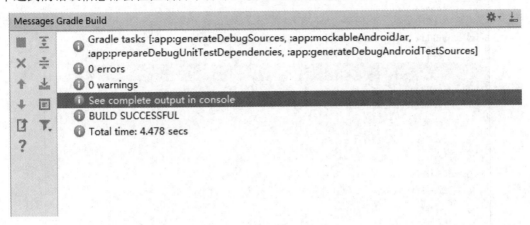

图 1.3　控制台信息

（3）编辑历史详细。在工作台上进行修改代码、布局或者删除文件等操作后，Android Studio 会对每个操作都加以记录，且每个操作都能撤销，如图 1.4 所示。

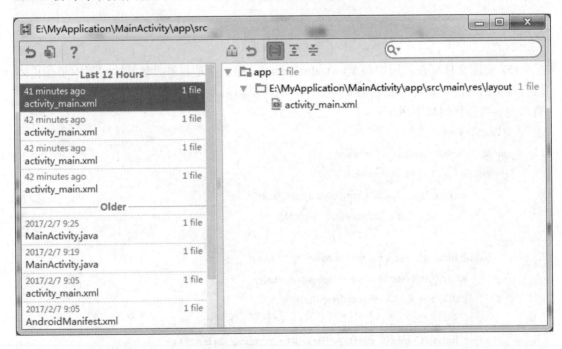

图 1.4　历史记录

（4）智能化。Android Studio 的提示补全功能更加智能化，当输入 Text 时，系统会自动识别并推送，减少代码编写时间，减小错误率，并且能够实现智能保存，提升代码编写效率，如图 1.5 所示。

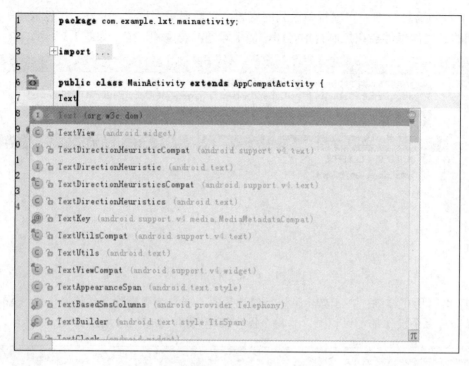

图 1.5 智能提示

(5) 资源文件可在代码中预览。Android Studio 提供在项目开发过程中可以对资源内容进行预览的功能。资源内容包括布局资源、图片资源以及控件资源等。例如，Button 控件资源内容具体代码如下所示：

```
@RemoteView
public class Button extends TextView {
    public Button(Context context) {
        super((Context)null, (AttributeSet)null, 0, 0);
        throw new RuntimeException("Stub!");
    }
    public Button(Context context, AttributeSet attrs) {
        super((Context)null, (AttributeSet)null, 0, 0);
        throw new RuntimeException("Stub!");
    }
    public Button(Context context, AttributeSet attrs, int defStyleAttr) {
        super((Context)null, (AttributeSet)null, 0, 0);
        throw new RuntimeException("Stub!");
    }
    public Button(Context context, AttributeSet attrs, int defStyleAttr, int defStyleRes) {
        super((Context)null, (AttributeSet)null, 0, 0);
        throw new RuntimeException("Stub!");
```

```
    }
    public CharSequence getAccessibilityClassName() {
        throw new RuntimeException("Stub!");
    }
}
```

2．Android Studio 的快捷键

在项目开发过程中，使用快捷键能够快速准确地编写程序，提高代码编写效率。Android Studio 的部分快捷键及其用法如表 1.2 所示。

表 1.2　Android Studio 的快捷键

快捷键	快捷键功能	快捷键	快捷键功能
Alt+回车	导入包，自动修正	Ctrl+Shift+Backspace	跳转到上次编辑的地方
Ctrl+Alt+L	格式化代码	Alt+Insert	生成代码(如 get、set 方法，构造函数等)
Ctrl+R	替换文本	Alt+F1	将正在编辑的元素在各个面板中定位
Ctrl+F	查找文本	Ctrl+P	显示参数信息
Ctrl+Shift+Space	自动补全代码	Ctrl+Shift+Insert	选择剪贴板内容并插入
Ctrl+空格	代码提示	Alt+Insert	生成构造器、Getter、Setter 等
Ctrl+Shift+Alt+N	查找类中的方法或变量	Ctrl+Alt+T	把代码包在一块，如 try/catch
Alt+Shift+C	对比最近修改的代码	Ctrl+Q	显示注释文档
Ctrl+X	删除行	Ctrl+Alt+left/right	返回至上次浏览的位置
Ctrl+D	复制行	Alt+left/right	切换代码视图
Ctrl+/ 或 Ctrl+Shift+/	注释(//或者/*...*/)	Alt+Up/Down	在方法间快速移动定位
Ctrl+J	自动代码	Ctrl+Shift+Up/Down	代码向上、下移动
Ctrl+E	最近打开的文件		

【任务实现】

"优签到"APP 共分为四个模块：教师信息模块、学生签到模块、学生签到信息统计模块、通讯录模块。下面通过"优签到"APP 来了解 Android。

1．教师信息模块

教师信息模块主要是对教师上课情况及教师个人信息的开发，效果如图 1.6 所示。

2. 学生签到模块

学生签到模块主要是学生通过扫码验证本人信息，接着通过按钮实现签到，效果如图 1.7 所示。

图 1.6　教师信息模块

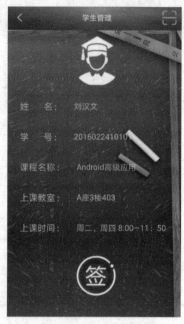

图 1.7　学生签到模块

3. 学生签到信息统计模块

学生签到信息统计模块主要是将学生签到模块中已签到的学生和未签到的学生通过列表及照片的形式显示在界面上，效果如图 1.8 所示。

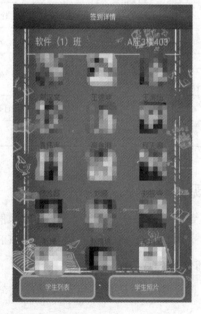

图 1.8　学生签到信息统计模块

4. 通讯录模块

通讯录模块主要是将所有学生的电话信息以通讯录的方式填充在界面上,点击每个学生条目即可拨打电话,效果如图 1.9 所示。

图 1.9　通讯录模块

【习题】

一、选择题

1. Android 功能覆盖面广泛,包括(　　)公司在其中内置的一系列应用软件。

A. Google　　　　B. Sun　　　　　C. 微软　　　　　D. 阿里

2. Android 是基于(　　)并运行在 Linux 内核上的轻量级操作系统。

A. PHP　　　　　B. Java　　　　　C. Android　　　　D. .net

3. 在 Android Studio 中打开"最近打开的文件"的快捷键是(　　)。

A. Ctrl+R　　　　B. Ctrl+/　　　　C. Ctrl+回车　　　　D. Ctrl+E

4. 在 Android Studio 中"导入包,自动修正"的快捷键是(　　)。

A. Ctrl+F　　　　B. Ctrl+R　　　　C. Alt+回车　　　　D. Ctrl+Alt+L

5. (　　)属于 Android 体系中的应用程序。

A. OpenGL ES　　B. WebKit　　　　C. 浏览器　　　　D. SQLite

二、填空题

1. 自 Android 首次发布距今,已经出现了很多的版本,截至 2018 年 8 月 7 日,Android 已经发展到_____版本。

2. Android 分为四个层,从高层到低层分别是应用程序层、_____、系统运行库层和 Linux 内核层。

3. Android 使用 SQLite 进行数据存储,其中 SQLite 是_____。

4. _____主要是 Android 自带的一些应用程序,如电话电码、联系人、浏览器等,还包括从 Android Market 应用程序商店下载和安装的应用程序。

5. 在项目开发过程中，使用快捷键能够快速准确地编写程序，提高代码编写效率，其中代码提示的快捷键是＿＿＿＿＿。

三、简答题

简述 Android Studio 的优势。

【任务总结】

◇　Android 是基于 Java 并运行在 Linux 内核上的轻量级操作系统。

◇　Android 划分为应用程序层、应用程序框架层、系统运行库层和 Linux 内核层。

◇　Android Studio 具有构建程序界面方便、打印信息详细、编辑历史详细、智能化、资源文件可在代码中预览等优势。

工作任务二　　"优签到"项目开发准备

【问题导入】

开发软件前都需要做一些准备工作，如搭建开发环境以及安装开发软件。但在开发软件时也会遇到一些安装、配置及使用等问题，那么该如何解决这类问题呢？

【学习目标】

通过 HelloWorld 项目的创建，了解 Android 开发环境的搭建及项目开发的步骤，学会如何建立 Android 项目，掌握 Android 相关软件的安装及使用方法，初步具备创建 Android 项目的能力。

【任务描述】

"优签到"APP 的开发使用了 Android Studio 编译软件，通过从安装到使用及所需要的系统环境变量配置的详细说明，使初学者更为容易地掌握 Android Studio 的使用。本任务将实现"优签到"APP 开发环境的搭建。

【知识与技能】

技能点 1　环境搭建

1. 下载安装 JDK 并配置环境变量

在安装 Android Studio 之前需要安装 JDK 并配置环境变量。

第一步：下载并安装 JDK。可以在 Oracle 的官方网站下载，网址为 http://www.oracle.com/technet work/java/javase/downloads/jdk8-downloads-2133151.html。

第二步：安装完 JDK 后，为其进行环境变量的配置。鼠标右键单击"我的电脑"→"属性"→"高级系统设置"→"环境变量"，弹出如图 1.10 所示的界面。

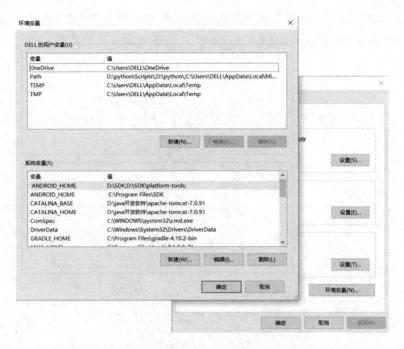

图 1.10　环境变量的配置

第三步：新建变量 JAVA_HOME，将"变量值"设置为"C:\ProgramFiles\Java\jdk1.8.0_112"，如图 1.11 所示。如果缺少这一步，Android Studio 将找不到安装目录。

图 1.11　新建系统变量 JAVA_HOME

第四步：在"DELL 的用户变量"中找到 Path 变量，单击"编辑"按钮，将"变量值"设置为"C:\ProgramFiles\Java\jdk1.8.0_112\bin"，注意如果有其他变量，则用";"隔开，如图 1.12 所示。

图 1.12　环境变量设置

第五步：新建变量 CLASSPATH，将"变量值"设置为".;C:\program Files\Java\jdk1.8.0_112\lib\tools.jar;"，设置完成后单击"确定"按钮，如图 1.13 所示。

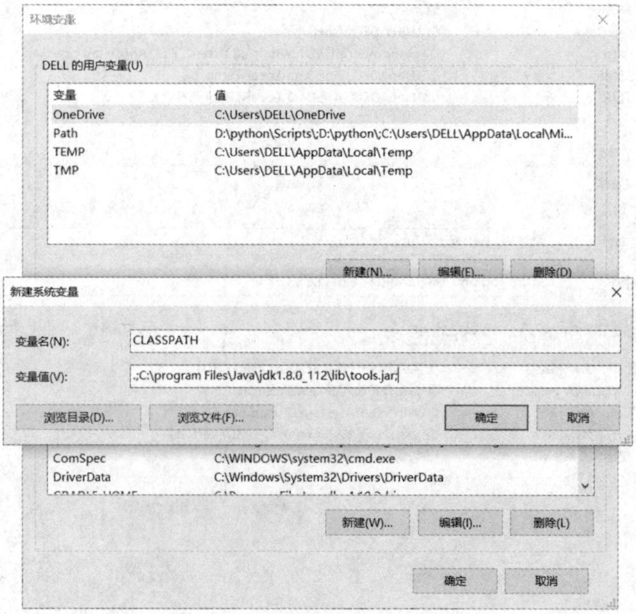

图 1.13　新建系统变量 CLASSPATH

第六步：配置完成后单击"开始菜单"→"运行"→"输入 cmd"，在命令行输入"Java –version"，如果显示 JDK 版本，则表示配置成功，如图 1.14 所示。

图 1.14　环境变量检验

2. 安装 Android Studio 并下载 SDK

安装 Android Studio 并下载 SDK 的步骤如下。

第一步：下载 Android Studio 并开始安装，进入安装界面，如图 1.15 所示，单击"Next"按钮。

图 1.15　安装界面

第二步：在选择组件界面上勾选 SDK 工具包与虚拟机部分，单击"Next"按钮，如图 1.16 所示。

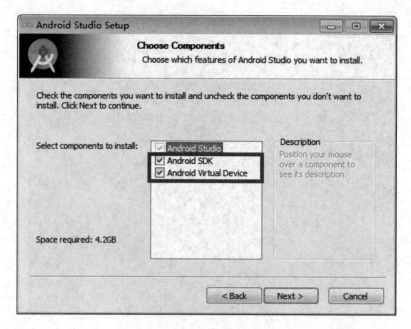

图 1.16　选择界面

第三步：在许可协议界面查看许可条款，确定无误后单击"I Agree"按钮，如图 1.17 所示。

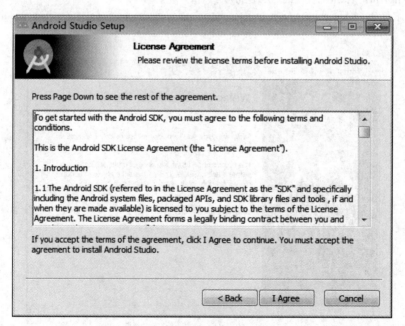

图 1.17　协议界面

第四步：选择 Android Studio 的安装路径，单击"Next"按钮进行安装，如图 1.18 所示。

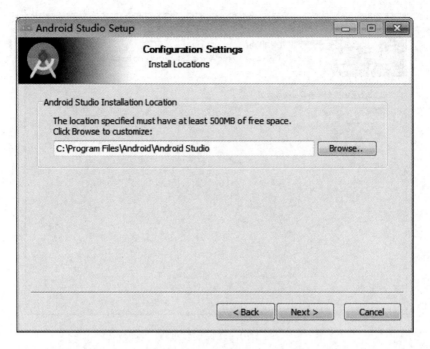

图 1.18　路径选择

　　第五步：确认在"开始"菜单中 Android Studio 工具的名称，单击"Install"按钮进行配置，如图 1.19 和图 1.20 所示。

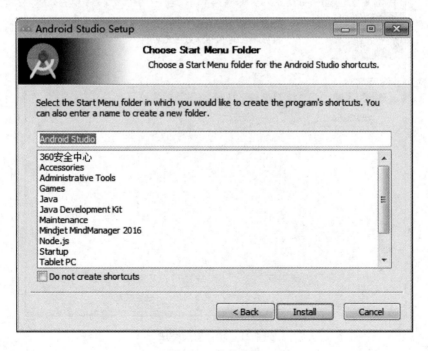

图 1.19　软件安装

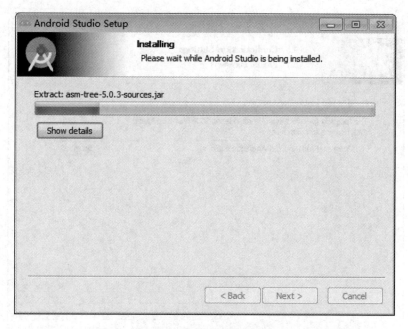

图 1.20　软件安装过程

　　第六步：当出现"Setup was completed successfully"时，表示安装完成，单击"Next"按钮，如图 1.21 所示。

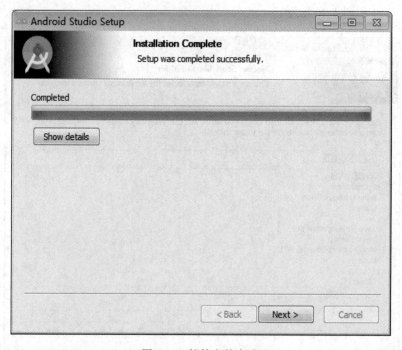

图 1.21　软件安装完成

　　第七步：根据界面提示，单击"Finish"按钮，完成安装并启动 Android Studio，如图 1.22 所示。

图 1.22　完成安装并启动软件

第八步：目前的 Android Studio 并未包含 Android SDK，因此在第一次启动时会警告无法访问 Android SDK 加载项列表，需进入 Android SDK 的安装向导界面，单击"Next"按钮，如图 1.23 所示。

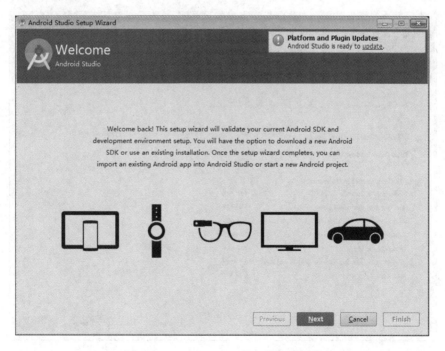

图 1.23　Android SDK 的安装向导界面

第九步：在软件配置类型界面选择"默认"即可，单击"Next"按钮，如图 1.24 所示。

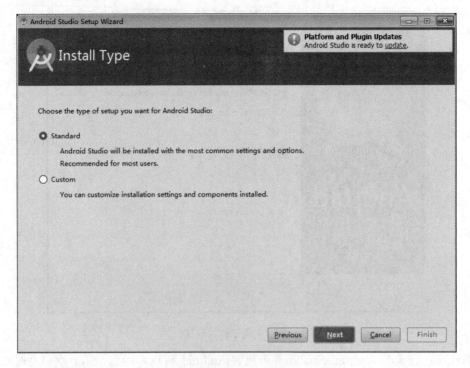

图 1.24　选择类型界面

第十步：安装 SDK，如图 1.25 和图 1.26 所示。

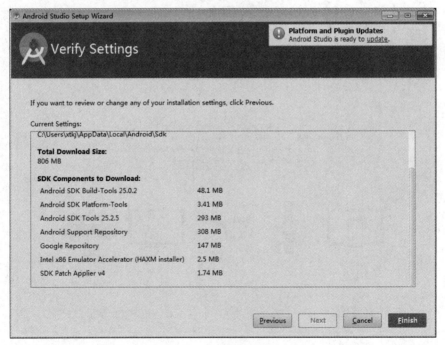

图 1.25　SDK 的安装

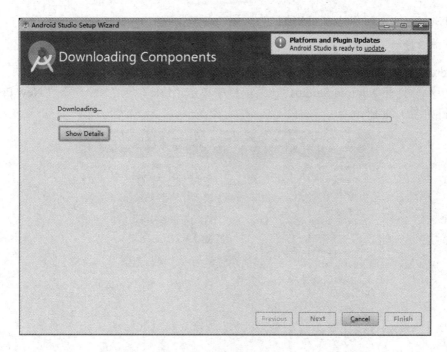

图 1.26　SDK 的安装过程

SDK 安装完成的界面如图 1.27 所示。

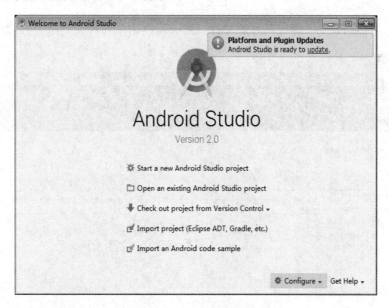

图 1.27　创建工程界面

技能点 2　项目建立

在完成环境变量的配置和 Android Studio 的安装后,就可以进行 Android 项目的建立和编写了。这里通过 Android 项目的建立和对项目目录进行介绍,进一步提升读者对

Android Studio 的了解和 Android 项目的认识。

1. 项目建立

Android 项目建立的步骤如下。

第一步：打开 Android Studio，在菜单栏中单击"File"→"New"→"New Project"，新建项目如图 1.28 所示。

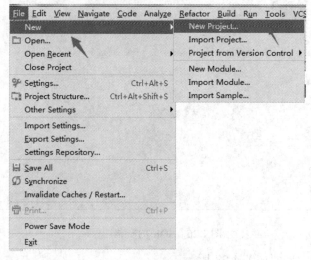

图 1.28　新建项目

第二步：给项目命名，确定其存放路径，完成后单击"Next"按钮。具体配置如图 1.29 所示。

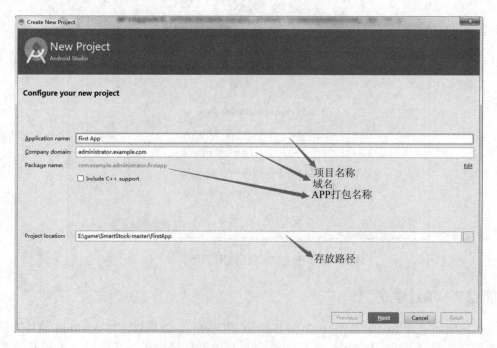

图 1.29　配置项目

第三步：设定兼容的 Android 版本。这里设置的是 Android 7.0，如图 1.30 所示。

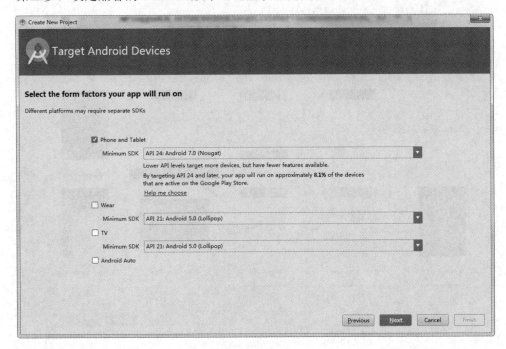

图 1.30　设置 Android 版本

如果不确定各版本的区别，可以单击"Help me choose"。在打开的窗口中详细介绍了各 Android 版本的功能，如图 1.31 所示。

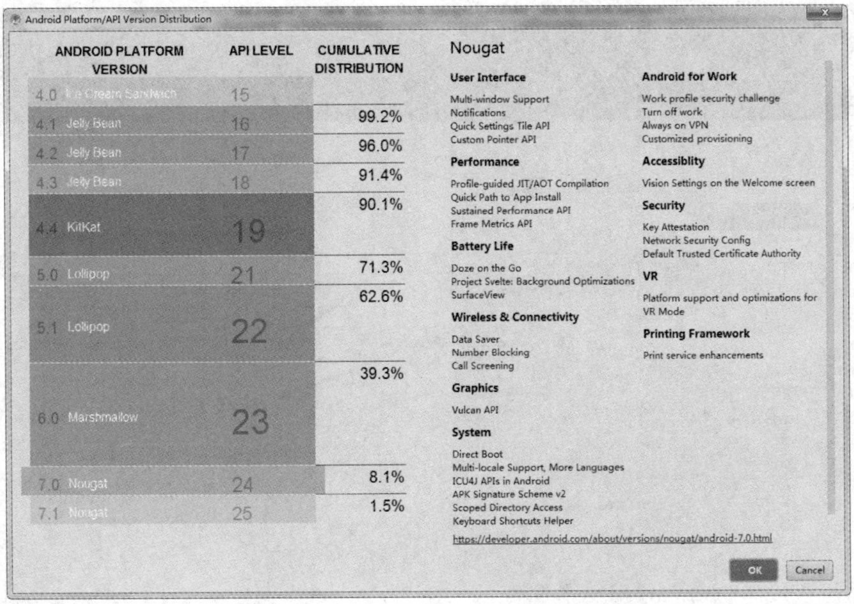

图 1.31　Android 功能介绍

第四步：确定好 Android 版本以后，单击"Next"按钮，接着选择项目的活动类型，如图 1.32 所示。这里有多种模板可以使用，通常选择默认的 "Empty Activity"。

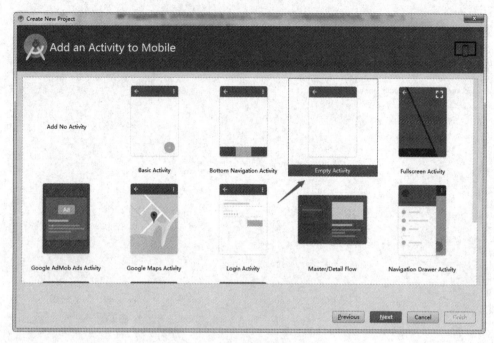

图 1.32 选择创建活动类型

第五步：设定活动名称和界面布局名称，最后单击 "Finish" 按钮完成项目的创建，如图 1.33 所示。

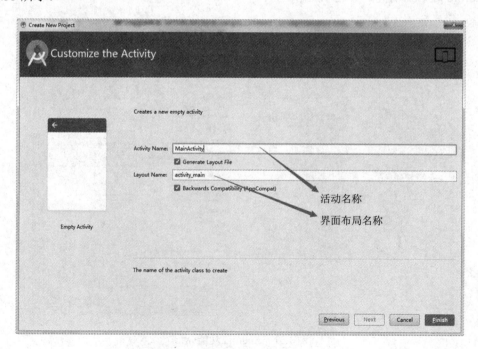

图 1.33 项目命名

第六步：项目创建完成后，单击"项目名"→"app"→"src"→"main"→"res"→"layout"，然后双击"layout"文件夹下的 XML 文件，打开活动界面设计窗口，如图 1.34 所示。

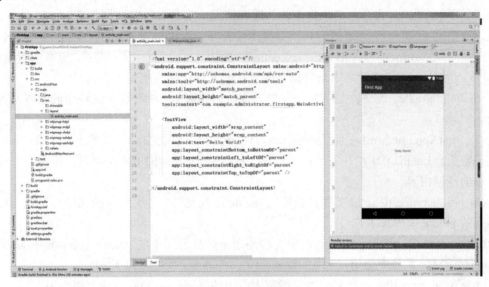

图 1.34　项目布局

2. 项目目录结构分析

Android Studio 中主要的项目结构类型如图 1.35 所示。

推荐使用 Project 结构，该目录结构如图 1.36 所示。

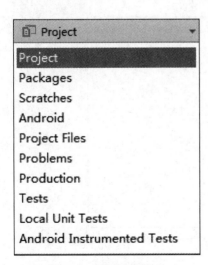

图 1.35　项目结构类型　　　　　　图 1.36　Android 项目的目录结构

根据图 1.36 对 Android 项目的目录结构进行如下分析：

(1) .gradle 和 .idea。这两个目录文件中放置的是 Android Studio 自动生成的一些文件，在项目的编写过程中，不需要手动去编写。

(2) app。该目录文件为项目的代码、资源等内容，后期的开发工作基本都是在此目录下进行，下面会对此目录文件进行详细的讲解。

(3) build。该目录主要包含了一些在编译时自动生成的文件。

(4) gradle。该目录下包含了 gradle wrapper 的配置文件，使用 gradle wrapper 的方式不需要提前下载 gradle，它会自动根据本地的缓存情况决定是否需要联网下载。Android Studio 默认没有启动 gradle wrapper 的方式，如果需要打开，可以单击"Android Studio 导航栏"→"File"→"Settings"→"Build，Execution，Deployment"→"Gradle"，进行配置更改。

(5) .gitignore。该文件是用来将指定的目录或文件排除在版本控制之外。

(6) build.gradle。该文件是项目全局的 gradle 构建脚本，通常这个文件中的内容不需要修改。

(7) FirstApp.iml。iml 文件是所有 IntelliJ IDEA 项目都会自动生成的一个文件(Android Studio 是基于 IntelliJ IDEA 开发的)，用于标识这是一个 IntelliJ IDEA 项目，不需要修改该文件中的任何内容。

(8) gradle.properties。该文件是全局的 gradle 配置文件，再次配置的属性会影响到项目中所有的 gradle 编译脚本。

(9) gradlew 和 gradlew.bat。这两个文件是用来执行界面中的 gradle 命令，其中 gradlew 在 Linux 或 Mac 系统中使用，而 gradlew.bat 在 Windows 系统中使用。

(10) local.properties。该文件用于指定本机中的 Android SDK 路径，内容为自动生成，无须修改(如果 Android SDK 位置发生变化，路径才会发生改变)。

(11) settings.gradle。该文件用于指定项目中所有引入的模块，无须手动修改。

通过以上内容发现，除了 app 目录之外，其他目录文件都可以自动生成，且不需要修改。Android 项目中 app 目录才是工作重点，其展开之后的结构如图 1.37 所示。

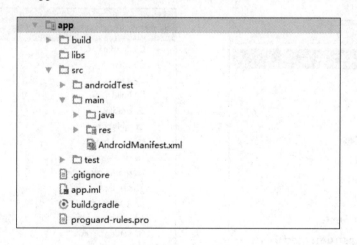

图 1.37   app 目录

接下来对 app 目录下的文件进行详细分析：

(1) build。该目录和外层的 build 目录类似，主要包含了一些在编译时自动生成的文件，这些文件的内容相对复杂。

(2) libs。该目录下主要是存放第三方的 jar 包，通过导包的方法将其中的 jar 包导入项目中。

(3) androidTest。此处是用来编写 Android Test 测试用例，可以对项目进行一些自动化测试。

(4) java。该目录放置所有 java 文件。

(5) res。该目录存放项目所使用到的所有图片、布局、字符串等资源(图片放在 drawable 目录下，布局放在 layout 目录下，字符串放在 values 目录下)。

(6) AndroidManifest.xml。这是整个 Android 项目的配置文件，在程序中定义的所有四大组件都需要在这个文件中注册，另外还可以在这个文件中给应用程序添加权限声明。

(7) test。此处是用来编写 Unit Test 测试用例，是对项目进行自动化测试的另一种方式。

(8) .gitignore。该文件用于将 app 模块内指定的目录或文件排除在版本控制之外，作用和外层的.gitignore 文件类似。

(9) app.iml。该文件为 IntelliJ IDEA 项目自动生成，无须管理。

(10) build.gradle。该文件是 app 模块的 gradle 构建脚本，此文件中会指定很多项目构建相关的配置。

(11) proguard-rules.pro。该文件用于指定项目代码的混淆规则，当代码开发完成后进行文件打包，如果不希望代码被别人破解，通常会将代码混淆，从而让破解者难以阅读。

【任务实现】

Android 环境的配置、软件的安装、项目的建立可参照前面的介绍完成。接下来实现 Android 模拟器的创建以及运行之前创建的第一个 Android 项目。

第一步：项目创建完成后进入 Android Studio 主页面，单击机器人图标创建模拟器，如图 1.38 所示。

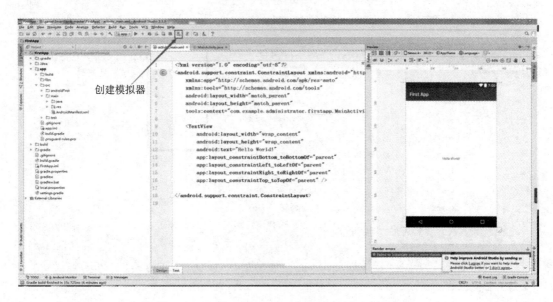

图 1.38 主页面

第二步：单击"Create Virtual Device…"按钮，如图 1.39 所示。

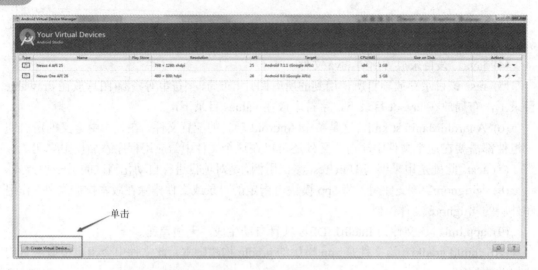

图 1.39　创建模拟器

　　进入模拟器规格选择界面，选择模拟器的规格，根据配置自行选择，单击"Next"按钮，如图 1.40 所示。

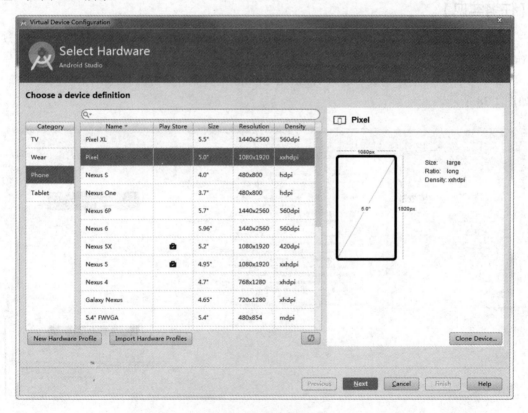

图 1.40　模拟器规格选择

　　选择 Android 版本，如图 1.41 所示。单击"Next"按钮，进入"模拟器构造"界面，如图 1.42 所示，单击"Finish"按钮。至此模拟器创建完成。

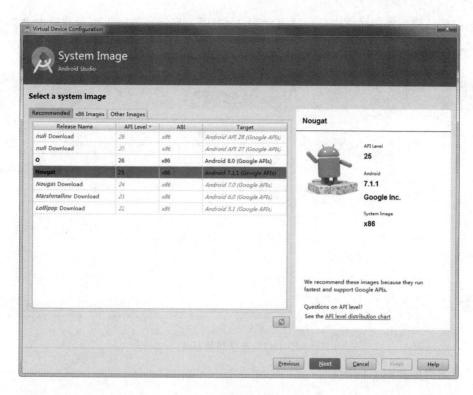

图 1.41 Android 版本选择

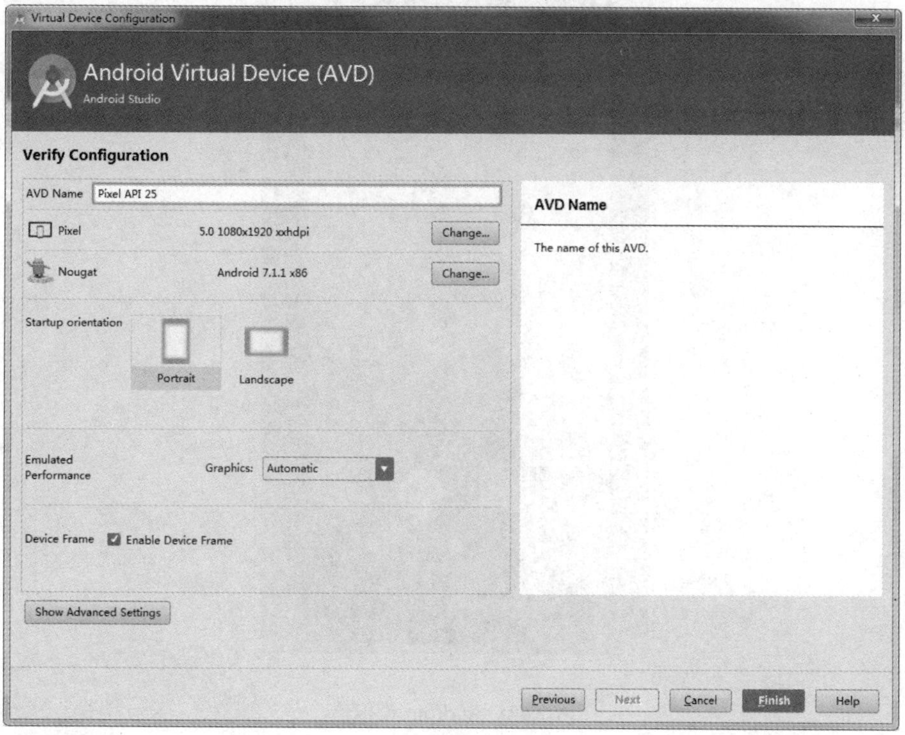

图 1.42 模拟器构造

　　第三步：模拟器创建完成后，跳到如图 1.43 所示界面，选择模拟器并单击"▶"按钮启动。

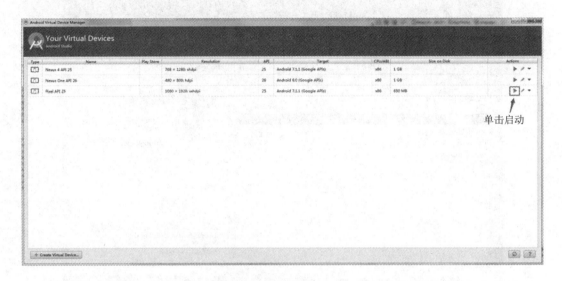

图 1.43　选择启动界面

模拟器界面如图 1.44 所示。

图 1.44　Android 模拟器

　　第四步：在 Android Studio 主页面中单击"▶"按钮运行程序，如图 1.45 所示。

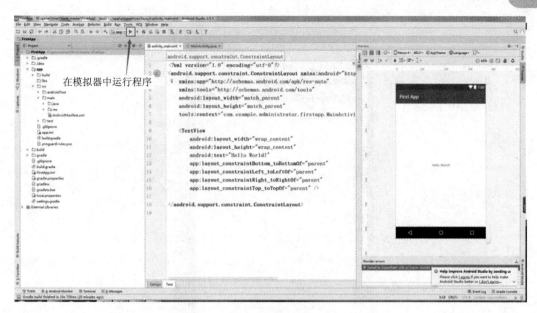

图 1.45　运行项目

选择所使用的模拟器，单击"OK"按钮，如图 1.46 所示。

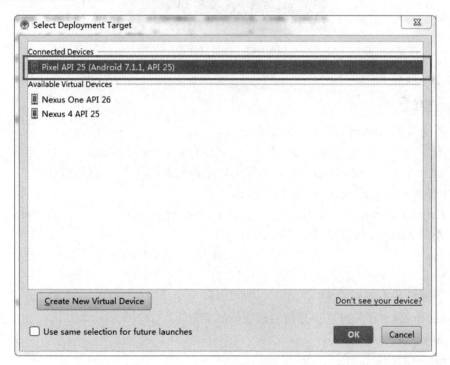

图 1.46　选择模拟器

在模拟器中显示运行效果，如图 1.47 所示。

图 1.47 项目界面图

【习题】

一、选择题

1. 不是开发 Android 项目准备工作的是(   )。

A. 安装 SDK   B. 安装 JDK   C. 安装 Android Studio   D. 安装 npm

2. 设定兼容的 Android 版本时，如果不确定各版本的区别，可以点击(   )。在打开的窗口中详细介绍了各 Android 版本的功能。

A. Help me choose   B. Next   C. Empty Activity   D. New Project

3. 不是 Android 项目目录文件的是(   )。

A. app   B. node_modules

C. build   D. gradle

4. 下面描述不正确的是(   )。

A. build：包含了一些在编译时自动生成的文件

B. java：该目录放置所有 java 文件

C. res：存放第三方的 jar 包

D. AndroidManifest.xml：整个 Android 项目的配置文件

5. Android Studio 是由(   )推出的新的 Android 开发工具，在 GitHub 中很多项目都使用 Android Studio 开发。

A. 谷歌   B. 腾讯   C. 百度   D. 阿里

二、填空题

1. 目前常见智能手机的操作系统有_____、iOS、Windows phone 等。

2. 创建 Android 项目需要打开 Android Studio，在菜单栏中单击"file"→"New"→_____。

3. 确定好 Android 版本以后，单击"Next"按钮，接着选择项目的_____。

4. 项目创建完成后，分别单击"项目名"→"app"→"src"→"main"→"res"→_____，然后双击该文件夹下的 XML 文件。

5. 在项目开发过程中，快捷键的使用能够使程序快速准确的编写，提高代码编写效率，其中自动补全代码的快捷键是_____。

三、上机题

通过本项目所学的技能，在自己的计算机上搭建 Android 开发环境。

【任务总结】

✧ Android 开发环境的搭建包含 JDK 以及 SDK 的安装与环境变量的配置。

✧ Android 项目开发需要了解 app 目录结构内容，其中包含 build、libs、androidTest、java、res、AndroidManifest.xml 等。

学习情境二　教师信息模块开发

工作任务一　教师信息界面设计

【问题导入】

由于教师课程较多，传统的课程表方式无法快速地查看上课信息，为了方便教师查询，开发人员要设计出能够直观显示教师上课信息的界面。那么如何设计出既能节约教师上课前准备时间又能实时关注学生上课出勤人数的界面呢？

【学习目标】

通过对教师信息界面的设计，了解基本布局的种类，学习基础控件的使用，掌握界面跳转及数据传递的方法，具备能够独立设计基础布局的能力。

【任务描述】

为了使教师精准地获取上课信息，开发人员将"优签到"APP分为教师和学生两个系统，而教师系统分为三大模块，分别为教师信息、签到详情和通讯录，教师可以直接在APP上查看当天上课信息，在一定程度上方便教师教学管理，提高教学质量。本任务将实现"优签到"APP的用户选择界面、教师信息界面、教师登录界面、个人信息界面、修改密码界面、设置密保界面的基本设计。

该任务的基本框架如图 2.1、图 2.3、图 2.5 所示，最终实现的效果图如图 2.2、图 2.4、图 2.6 所示。

图 2.1　选择用户界面基本框架图

图 2.2　选择用户界面效果

图 2.3 教师登录基本框架图

图 2.4 教师登录界面效果

图 2.5 教师信息基本框架图

图 2.6 教师信息界面效果

【知识与技能】

技能点 1 基础控件的使用

　　了解 Android 的控件是学习 Android 的基础。Android 中提供了很多的控件，合理地使用控件可以设计出简洁、美观的界面。了解各个控件的继承关系对项目的内容理解有很大的帮助，Android 的常用控件及其继承关系如图 2.7 所示。

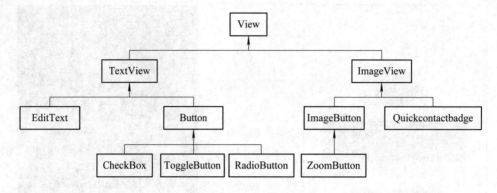

图 2.7　常用控件及其继承关系

1．TextView (文本框)

1) TextView 简介及属性

TextView 是 Android 开发过程中使用频率最高的控件之一，主要是向用户展示文本内容，是不可编辑的。TextView 继承了 View，可以显示单行文字，也可以显示多行文字，还可以显示带图像的文本。

TextView 提供了大量的 XML 属性，大部分属性不仅适用于 TextView，还适用于其他文本控件，如表 2.1 所示。

表 2.1　TextView 与 EditText 属性

XML 属性	描　　述
android:layout_width	设置组件的宽度
android:layout_height	设置组件的高度
android:id	给组件定义一个 id 值，供后期使用
android:background	设置组件的背景颜色或背景图片
android:text	设置组件的显示文字
android:textColor	设置组件的显示文字的颜色
android:layout_below	组件在参考组件的下面
android:alignTop	同指定组件的顶平行
android:maxLength=" "	限制输入字数
android:password='true'	可以让 EditText 显示的内容自动为星号
android:numeric='true'	让输入法自动变为数字输入键盘,同时仅允许0～9 的数字输入
android:textColor	显示文本颜色
android:textSize	设置文字大小，推荐度量单位 "sp"，如 "15sp"
android:singleLine="true"	设置单行输入，一旦设置则为 true

2) TextView 的使用

使用 TextView 属性可实现单行或多行不同颜色的文字显示效果，如图 2.8 所示，具体方法及步骤如下。

图 2.8 TextView 效果图

第一步：新建 Android 项目，命名为 AndroidDemo_2.1.1。

第二步：单击 "AndroidDemo_2.1" → "app" → "src" → "main" → "res" → "layout"，然后双击 "layout" 文件夹下的 "activity_main.xml" 文件，打开活动界面设计窗口。

第三步：在界面设计窗口中编辑添加 TextView 属性，代码如下所示。

```
<TextView
    android:id="@+id/textView2"
    android:textColor="#0f0"
    android:textSize="20px"
    android:text="多行文本：这是 TextView 显示文本内容，这是 TextView 显示文本内容"
    android:width="300px"
    android:layout_width="wrap_content"
    android:layout_height="wrap_content"/>
<TextView
    android:id="@+id/textView3"
    android:textColor="#f00"
    android:textSize="30px"
    android:text="单行文本：这是 TextView 显示文本内容"
    android:width="300px"
    android:singleLine="true"
    android:layout_width="wrap_content"
```

```
android:layout_height="wrap_content"/>
```

运行项目,实现效果如图 2.8 所示。

2．EditText(输入框)

1) EditText 简介及属性

EditText 又称为编辑框,用于在屏幕上显示可编辑的文本,其包含丰富的编辑功能,常用于登录注册界面账号和密码的输入。EditText 除了有与 TextView 共用的 XML 属性和方法外,还具有特有的属性及描述,如表 2.2 所示。

表 2.2　EditText 属性

XML 属性	描　　述
android:inputType	设置编辑框输入的类型
android:hint	设置显示在控件上的提示信息
android:editable	设置指定编辑框是否可编辑

2) EditText 的使用

使用 EditText 属性实现效果如图 2.9 所示,具体方法及步骤如下。

图 2.9　EditText 效果图

第一步:新建 Android 项目,命名为 AndroidDemo_2.1.2。

第二步:选择"activity_main.xml"文件,打开活动界面设计窗口。

第三步:在界面设计窗口中编辑 EditText 属性,实现代码如下所示。

```
<EditText
android:id="@+id/et_name"
android:layout_width="match_parent"
android:layout_height="wrap_content"
android:hint="请输入账号"
/>
```

```
<EditText
android:id="@+id/et_pass"
android:layout_width="match_parent"
android:layout_height="wrap_content"
android:hint="请输入密码"
/>
```

运行项目，实现效果如图 2.9 所示。

3．Button(按钮)

1) Button 简介及属性

Button 继承了 TextView，可供用户点击，Button 按钮点击时会触发 onClick 事件。按钮可设置 Button 的背景及文字等属性。如果背景为不规则图片，则能够开发出不同规则形状的按钮。Button 的属性设置方法如表 2.3 所示。

表 2.3　Button 属性设置方法

方　　法	描　　述
setClickable(boolean clickable)	clickable=true：允许点击 clickable=false：禁止点击
setBackgroundResource(int resid)	通过资源文件设置背景色 resid：资源 XML 文件 ID
setText(CharSequence text)	设置按钮显示文字
setTextColor(int color)	设置按钮显示文字的颜色 color：可以使用系统 Color 常量
setOnClickListener(OnClickListener)	设置按钮点击事件

2) Button 的使用

使用 Button 属性实现效果如图 2.10 所示，具体方法及步骤如下。

图 2.10　Button 效果图

第一步：新建 Android 项目，命名为 AndroidDemo_2.1.3。

第二步：选择"activity_main.xml"文件，打开活动界面设计窗口。

第三步：在界面设计窗口中编辑 Button 属性，实现代码如下所示。

```
<Button
android:layout_width="wrap_content"
android:layout_height="50dp"
android:text="按钮 1"
/>
<Button
android:layout_width="wrap_content"
android:layout_height="wrap_content"
android:text="按钮 2"
android:background="#ff0000"
/>
<!--图片按钮-->
<Button
android:layout_width="90dp"
android:layout_height="50dp"
android:background="@drawable/img"
/>
```

背景图片设置需引用 drawable 目录下的图片文件，文件位置如图 2.11 所示。

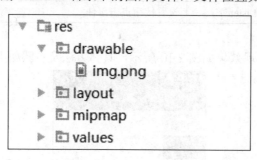

图 2.11　图片资源位置

运行项目，实现效果如图 2.10 所示。

3) Button 点击事件

"点击事件"，顾名思义就是通过点击某个对象或某个控件的瞬间所发生的事件(这里的事件可以是函数方法)。触发点击事件的方式有很多，这里就以 Button 控件的点击事件为例进行说明。监听并处理 Button 的点击事件可以采用两种方式：一种是通过匿名内部类(new View.OnClickListener())的方式；另一种是通过 implements 监听接口(View.OnClickListener())方式。下面举例说明，效果图如图 2.12 所示，具体方法及步骤如下。

图 2.12　Button 点击事件效果图

第一步：新建 Android 项目，命名为 AndroidDemo_2.1.4。

第二步：选择"activity_main.xml"文件，打开活动界面设计窗口。

第三步：在界面设计窗口中编写布局文件 activity_main.xml，代码如下所示。

```xml
<?xml version="1.0" encoding="utf-8"?>
    <LinearLayout xmlns:android="http://schemas.android.com/apk/res/android"
        android:layout_width="fill_parent"
        android:layout_height="fill_parent"
        android:orientation="vertical" >
<!--设置控件 id，在 java 代码中使用时通过 id 查找控件-->
    <Button
        android:id="@+id/btn_click"
        android:layout_width="wrap_content"
        android:layout_height="wrap_content"
        android:text="点击"/>
    </LinearLayout>
```

第四步：通过对 setOnClickListener 事件的编写，实现点击监听事件，其方法有两种。

(1) 通过匿名内部类的方式实现点击监听方法。该方法只适合对监听器进行单次监听，在该代码块运行结束后监听器随之消失。

在 AndroidDemo_2.4\app\src\main\java\com\example\MainActivity.java 中实现初始化界面，获取 activity_main.xml 中控件 id，代码如下所示：

```java
public class MainActivity extends AppCompatActivity {
    //初始化控件
    private Button btn_click;
    @Override
```

```
    protected void onCreate(Bundle savedInstanceState) {
        super.onCreate(savedInstanceState);
        //引用布局文件
        setContentView(R.layout.activity_main);
        //通过 id 查找布局中的控件
        btn_click = (Button) findViewById(R.id.btn_click);
        //此处填写点击监听事件代码(代码段 2)
        }
    }
```

添加 setOnClickListener()方法，通过匿名内部类的方式实现点击监听事件。

```
//通过 setOnClickListener()方法执行点击事件
btn_click.setOnClickListener(new View.OnClickListener() {
 @Override
 public void onClick(View view) {
//此处填写 Toast 提示效果代码(代码段 3)
}
 });
```

在点击监听事件方法中，实现 Toast 提示效果。

```
//触发的事件为界面提示信息
//Toast 是一个简易的消息提示框
/*
Toast.makeText(Context，CharSequence，int)方法有三个参数；
Context：当前界面的上下文
CharSequence：提示信息，一般为字符串形式
int：提示信息显示的时间长短，有 Toast.LENGTH_SHORT 和 Toast.LENGTH_LONG 两个选项
*/
            Toast.makeText(MainActivity.this,"您点击了按钮",
Toast.LENGTH_SHORT).show();
```

(2) 通过内部类集成监听接口方式实现点击监听方法，具体代码如下所示(注意：在任务实现过程中必须添加 "btn_click.setOnClickListener(this);" 进行绑定)：

```
//直接继承 OnClickListener 接口，自动生成 onclick 方法
public class MainActivity extends AppCompatActivity implements View.OnClickListener {
    private Button btn_click;
    @Override
    protected void onCreate(Bundle savedInstanceState) {
        super.onCreate(savedInstanceState);
        setContentView(R.layout.activity_main);
        btn_click = (Button) findViewById(R.id.btn_click);
```

```
//绑定当前布局与 OnClickListener 监听事件
btn_click.setOnClickListener(this);
    }
    @Override
    public void onClick(View view) {
    //通过 switch 语句查找控件 id，并赋予此控件所触发的事件
    switch (view.getId()){
        case R.id.btn_click:
            Toast.makeText(MainActivity.this,"您点击了按钮", Toast.LENGTH_SHORT).show();
    }
    }
}
```

运行项目，实现效果如图 2.12 所示。

4．CheckBox(复选框)

1)　CheckBox 简介

CheckBox 是 Android 中的复选框，与 Button 类似，都是 Android 的控件，主要有选中和未选中两种状态。它的优点在于用户不必填写相关的信息，只需要点击就行。

CheckBox 在使用的过程中是通过 isChecked()方法来判断是否被选中，当用户点击时可以在这两种状态(选中和未选中)间进行切换，会触发一个 OnCheckedChange 事件。

2)　CheckBox 的使用

下面通过一个简单的案例来学习 CheckBox 的使用方法，实现如图 2.13 所示的效果，具体方法及步骤如下。

图 2.13　CheckBox 效果

第一步：新建 Android 项目，命名为 AndroidDemo_2.1.5。

第二步：选择 "activity_main.xml" 文件，打开活动界面设计窗口。

第三步：在界面设计窗口中编写 CheckBox 属性，代码如下所示。

```xml
<?xml version="1.0" encoding="utf-8"?>
<LinearLayout xmlns:android="http://schemas.android.com/apk/res/android"
    xmlns:app="http://schemas.android.com/apk/res-auto"
    xmlns:tools="http://schemas.android.com/tools"
    android:layout_width="match_parent"
    android:layout_height="match_parent"
    android:orientation="vertical"
    >
    <TextView
        android:layout_width="wrap_content"
        android:layout_height="wrap_content"
        android:text="选择喜欢的水果"/>
    <CheckBox
        android:id="@+id/xiangjiao_cb"
        android:layout_width="wrap_content"
        android:layout_height="wrap_content"
        android:text="香蕉"
        android:checked="true"/>
    <CheckBox
        android:id="@+id/pingguo_cb"
        android:layout_width="wrap_content"
        android:layout_height="wrap_content"
        android:text="苹果"/>
    <CheckBox
        android:id="@+id/juzi_cb"
        android:layout_width="wrap_content"
        android:layout_height="wrap_content"
        android:text="橘子"/>
</LinearLayout>
```

第四步：在 MainActivity 中实现 CheckBox 初始化，并为其设置初始状态，具体代码如下所示。

```java
public class MainActivity extends AppCompatActivity {
    private CheckBox mXiangjiaoCb = null;        //香蕉复选框
    private CheckBox mPingguoCb = null;          //苹果复选框
    private CheckBox mJuziCb = null;             //橘子复选框
    @Override
    protected void onCreate(Bundle savedInstanceState) {
        super.onCreate(savedInstanceState);
```

```
        setContentView(R.layout.activity_main);
        //获取界面控件
        mXiangjiaoCb = (CheckBox) findViewById(R.id.xiangjiao_cb);
        mPingguoCb = (CheckBox) findViewById(R.id.pingguo_cb);
        mJuziCb = (CheckBox) findViewById(R.id.juzi_cb);
            //在此添加复选框监听操作代码(代码段 2)
        }
```

第五步：通过匿名内部类(CompoundButton.OnCheckedChangeListener())为三个复选框添加 setOnCheckedChangeListener 事件监听器。

```
        //为香蕉复选框绑定 OnCheckedChangeListener 监听器
        mXiangjiaoCb.setOnCheckedChangeListener(new CompoundButton.OnCheckedChangeListener() {
            @Override
            public void onCheckedChanged(CompoundButton compoundButton, boolean b) {
                //提示用户选择水果
                showSelectFruit(compoundButton);
            }
        });
        //为苹果复选框绑定 OncheckedChangeListener 监听器
        mPingguoCb.setOnCheckedChangeListener(new CompoundButton.OnCheckedChangeListener() {
            @Override
            public void onCheckedChanged(CompoundButton compoundButton, boolean b) {
                //提示用户选择水果
                showSelectFruit(compoundButton);
            }
        });
        //为橘子复选框绑定 OnCheckedChangeListener 监听器
        mJuziCb.setOnCheckedChangeListener(new CompoundButton.OnCheckedChangeListener() {
            @Override
            public void onCheckedChanged(CompoundButton compoundButton, boolean b) {
                //提示用户选择水果
                showSelectFruit(compoundButton);
            }
        });
    }
    //提示用户选择的城市
    private void showSelectFruit(CompoundButton compoundButton) {
        //获取复选框的文字提醒
        String fruit = compoundButton.getText().toString();
        //根据复选框的选中状态进行相应提示
        if (compoundButton.isChecked()){
```

```
        Toast.makeText(MainActivity.this,"选中"+fruit,Toast.LENGTH_SHORT).show();
    }else {
            Toast.makeText(MainActivity.this,"取消选中"+fruit, Toast.LENGTH_SHORT).show();
    }
}
```

运行项目，实现效果如图 2.13 所示。

5．ImageView(图片框)

1）ImageView 简介及方法

ImageView 继承自 View 组件，其功能是显示图片以及 Drawable 对象，并且 ImageView 还派生了 ImageButton、QuickContactbadge 等子类。

ImageView 的常用方法如表 2.4 所示。

表 2.4 ImageView 的常用方法

方　　法	描　　述
setAlpha(int alpha)	设置 ImageView 的透明度
setImageBitmap(Bitmap bm)	设置 ImageView 所显示的内容为指定的 Bitmap 对象
setImageDrawable(Drawable drawable)	设置 ImageView 所显示的内容为指定的 Drawable 对象
setImageResource(int resId)	设置 ImageView 所显示的内容为指定 Id 的资源
setImageURI(Uri uri)	设置 ImageView 所显示的内容为指定 Uri
setSelected(boolean selected)	设置 ImageView 的选中状态
setScaleType(ImageView.Scaletype)	设置图片如何缩放
setMaxHeight(int)	设置最大高度
setMaxWidth(int)	设置最大宽度

2）ImageView 的使用

使用 ImageView 属性实现效果如图 2.14 所示，具体方法及步骤如下。

图 2.14 ImageView 效果图

第一步：新建 Android 项目，命名为 AndroidDemo_2.1.6。

第二步：选择"activity_main.xml"文件，打开活动界面设计窗口。

第三步：在界面设计窗口中编写 ImageView 属性，代码如下所示。

```xml
<?xml version="1.0" encoding="utf-8"?>
<LinearLayout
xmlns:android=http://schemas.android.com/apk/res/android
xmlns:app="http://schemas.android.com/apk/res-auto"
    xmlns:tools="http://schemas.android.com/tools"
    android:layout_width="match_parent"
    android:layout_height="match_parent"
    android:orientation="vertical"   >
    <!-- 定义三个按钮 -->
    <LinearLayout
        android:orientation="horizontal"
        android:layout_width="match_parent"
        android:layout_height="wrap_content"
        android:gravity="center"
        >
        <Button
            android:id="@+id/plus"
            android:layout_width="wrap_content"
            android:layout_height="wrap_content"
            android:text="增大透明度"
            />
        <Button
            android:id="@+id/minus"
            android:layout_width="wrap_content"
            android:layout_height="wrap_content"
            android:text="减小透明度"
            />
        <Button
            android:id="@+id/next"
            android:layout_width="wrap_content"
            android:layout_height="wrap_content"
            android:text="下一张"
            />
    </LinearLayout>
    <!-- 显示完整图片的 ImageView -->
    <ImageView
```

```
        android:id="@+id/image1"
        android:layout_width="wrap_content"
        android:layout_height="360dp"
        android:src="@drawable/img1"
        android:scaleType="fitCenter"
        />
    <!-- 显示局部图片的 ImageView -->
    <ImageView
        android:id="@+id/image2"
        android:layout_width="240dp"
        android:layout_height="240dp"
        android:background="#00f"
        android:layout_margin="10dp"
        />
</LinearLayout>
```

第四步：在 MainActivity.java 文件中编写代码块，通过按钮改变图片的透明度，代码如下所示。

```
public class MainActivity extends AppCompatActivity {
    int[] images = new int[]{
            R.drawable.img,
            R.drawable.img1,
    };
    //定义默认显示的图片
    int currentImg = 2;
    //定义图片的初始透明度
    private int alpha = 255;
    @Override
    Protected void onCreate(Bundle savedInstanceState) {
        super.onCreate(savedInstanceState);
        setContentView(R.layout.activity_main214);
        final Button minus = (Button) findViewById(R.id.minus);
        final Button plus = (Button) findViewById(R.id.plus);
        final Button next = (Button) findViewById(R.id.next);
        final ImageView image1 = (ImageView) findViewById(R.id.image1);
        final ImageView image2 = (ImageView) findViewById(R.id.image2);
//定义查看下一张图片按钮的监听器
next.setOnClickListener(new View.OnClickListener() {
@Override
public void onClick(View v) {
```

```
//控制 ImageView 显示下一张图片
image1.setImageResource(images[++currentImg % images.length]);
                }
        });
//定义改变图片透明度的方法
        View.OnClickListener listener = new View.OnClickListener() {
            @Override
            public void onClick(View v) {
                if(v == plus)
                {
                    alpha -= 20;
                }
                if(v == minus)
                {
                    alpha += 20;
                }
                if(alpha >= 255)
                {
                    alpha = 255;
                }
                if(alpha <= 0)
                {
                    alpha = 0;
                }
        //改变图片透明度
                image1.setImageAlpha(alpha);
            }
        };
//在此添加显示局部图片效果代码(代码段 2)
}}
```

第五步：通过 setOnTouchListener 触摸监听事件的使用，实现查看图片指定区域的效果。

```
//为两个按钮添加监听器
        plus.setOnClickListener(listener);
        minus.setOnClickListener(listener);
        image1.setOnTouchListener(new View.OnTouchListener() {
@Override
public boolean onTouch(View v, MotionEvent event) {
BitmapDrawable bitmapDrawable = (BitmapDrawable) image1.getDrawable();
```

```
//获取第一个图片显示框中的位图
  Bitmap bitmap = bitmapDrawable.getBitmap();
//Bitmap 图片实际大小与第一个 ImageView 的缩放比例
  double scale = 1.0 * bitmap.getHeight()/image1.getHeight();
//获取需要显示的图片的开始点
            int x = (int)(event.getX() * scale);
            int y = (int)(event.getY() * scale);
            if(x + 240 > bitmap.getWidth())
            {
                  x = bitmap.getWidth() - 240;
            }
            if(y + 240 > bitmap.getHeight())
            {
                  y = bitmap.getHeight() - 240;
            }
//显示图片的指定区域
image2.setImageBitmap(bitmap.createBitmap(bitmap, x, y, 240, 240));
            image2.setImageAlpha(alpha);
            return false;
      }});
```

运行程序实现效果如图 2.14 所示。

技能点 2　基本布局设计

Android 系统提供了五种基本的布局方式，分别为 LinearLayout、RelativeLayout、TableLayout、FrameLayout、AbsoluteLayout。通过这五种布局方式，能够实现大多数复杂界面的设计。布局方式继承关系如图 2.15 所示。

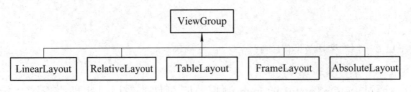

图 2.15　布局继承关系

1．LinearLayout(线性布局)

1) LinearLayout 简介及属性

LinearLayout 是将其内部控件依次排列，其排列的方向可以是水平方向也可以是垂直方向。在项目的开发过程中使用最多的布局方式是 LinearLayout。

在 LinearLayout 中有一些比较常用的属性与设置方法，这些属性决定了界面的内容样式，如表 2.5 所示。

表 2.5 LinearLayout 的常用属性

XML 属性	对应设置方法	描 述
android:orientation	setOrientation(int)	控制排列方式的属性是 horizontal(水平排列)或 vertical(垂直、默认值)
android:gravity	setGravity(int)	设置组件的对齐方式，该属性的值有 top、botton、left、right、center_vertical、fill_horizontal、center、fill、clip_vertical、clip_horizontal，也可同时使用多种对齐方式，将其组合在一起
android:divider	setDividerDrawable (Drawable)	设置垂直布局时两个按钮之间的分隔线
android:baselineAligned	setBaselineAligned (boolean)	若 boolean=false，将会阻止该布局与它的子元素的基线对齐；若 boolean=true，则可以基线对齐
android:measureWithlar gestChild	setMeasureWithLargestC hildEnabled(boolean)	若 boolean=true，带权重的子元素都会被设置为有最大子元素的最小尺寸

除此之外，LinearLayout 包含的子元素可以额外指定如表 2.6 所示的属性。

表 2.6 子元素支持的属性

常用属性	描 述
android: layout_gravity	指定该子元素在 LinearLayout 中的对齐方式，与 "android:gravity" 类似
android:layout_weight	指定该子元素在 LinearLayout 中所占权重

如果 "android:gravity="bottom\|center horizontal""，则将组件对齐到容器的底部并水平居中，如图 2.16 所示。

图 2.16 底部水平居中

2）LinearLayout 的使用

使用 LinearLayout 实现效果如图 2.17 所示，具体方法及步骤如下。

图 2.17   LinearLayout 垂直排列效果图

第一步：新建 Android 项目，命名为 AndroidDemo_2.1.7。

第二步：将按钮组件垂直排列，代码如下所示。

```
<?xml version="1.0" encoding="utf-8"?>
<LinearLayout
xmlns:android="http://schemas.android.com/apk/res/android"
xmlns:app="http://schemas.android.com/apk/res-auto"
xmlns:tools="http://schemas.android.com/tools"
android:layout_width="match_parent"
android:layout_height="match_parent"
<!—垂直排列-->
android:orientation="vertical">
<Button
android:id="@+id/button1"
android:layout_width="wrap_content"
android:layout_height="wrap_content"
android:text="按钮 1" />
<Button
android:id="@+id/button2"
android:layout_width="wrap_content"
android:layout_height="wrap_content"
android:text="按钮 2" />
<Button
android:id="@+id/button3"
```

```
android:layout_width="wrap_content"
android:layout_height="wrap_content"
android:text="按钮 3" />
</LinearLayout>
```

第三步：将"android:orientation"属性修改为"horizontal"，实现按钮组件水平排列效果，如图 2.18 所示。

图 2.18　LinearLayout 水平排列效果图

代码如下所示：

```
<!—水平排列-->
android:orientation="horizontal"
```

3) LinearLayout 的引用

在开发 Android 布局时，常将一些通用的视图提取到一个单独的 layout 文件中，然后使用<include>标签在需要使用的其他 layout 布局文件中加载进来(比如 APP 导航栏等)，这样便于对相同视图内容进行统一的控制管理，提高布局重用性。下面通过一个小案例来讲解<include>标签的使用，效果如图 2.19 所示，具体方法及步骤如下。

图 2.19　布局加载效果图

第一步：新建 Android 项目，命名为 AndroidDemo_2.1.8。

第二步：单击"AndroidDemo_2.8"→"app"→"src"→"main"→"res"→"layout" →"New"→"Layout resource file"，创建新的 XML 文件，如图 2.20 所示。

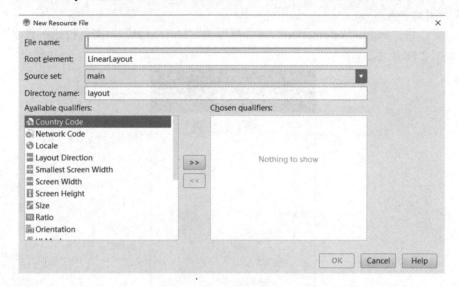

图 2.20 创建新的 XML 文件

第三步：将此新建的 XML 文件命名为"include1"，如图 2.21 所示。

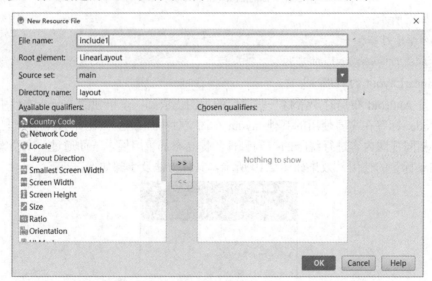

图 2.21 创建 include1.xml 文件

代码如下所示：

```
<?xml version="1.0" encoding="utf-8"?>
<LinearLayout xmlns:android="http://schemas.android.com/apk/res/android"
    android:orientation="vertical" android:layout_width="match_parent"
    android:layout_height="match_parent">
```

```
<TextView
    android:layout_width="wrap_content"
    android:layout_height="wrap_content"
    android:text="这是第一布局文件"/>
</LinearLayout>
```

第四步：重复执行第三步，编辑第二个布局文件"include2.xml"，代码如下所示。

```
<?xml version="1.0" encoding="utf-8"?>
<LinearLayout xmlns:android="http://schemas.android.com/apk/res/android"
    android:orientation="vertical" android:layout_width="match_parent"
    android:layout_height="match_parent">
    <TextView
        android:layout_width="wrap_content"
        android:layout_height="wrap_content"
        android:text="这是第二布局文件"/>
</LinearLayout>
```

第五步：用 include 引用以上两个布局文件(include1.xml 和 include2.xml)，代码如下所示。

```
<?xml version="1.0" encoding="utf-8"?>
<LinearLayout xmlns:android="http://schemas.android.com/apk/res/android"
    android:layout_width="fill_parent"
    android:layout_height="fill_parent"
    android:orientation="vertical" >
    <LinearLayout
        android:id="@+id/mLinearLayout3"
        android:layout_width="match_parent"
        android:layout_height="60dp"
        android:layout_gravity="center" >
        <include layout="@layout/include1"/>
    </LinearLayout>
    <LinearLayout
        android:id="@+id/mLinearLayout"
        android:layout_width="match_parent"
        android:layout_height="60dp"
        android:layout_gravity="bottom">
        <include layout="@layout/include2" />
    </LinearLayout>
</LinearLayout>
```

运行代码，实现效果如图 2.19 所示。

2．RelativeLayout(相对布局)

1) RelativeLayout 简介及属性

RelativeLayout 是按照控件间的相对位置进行布局，可以选择某个控件作为参照，先定义参照控件，其他的控件可以在相对的任意位置。

为了控制布局容器中各个组件的布局分布，RelativeLayout 提供了大量的 XML 属性，其主要属性如表 2.7 所示。

表 2.7　RelativeLayout 的属性

XML 属性	描　　述
android:layout_centerHorizontal	该子组件是否在布局中水平居中
android:layout_centerVertical	该子组件是否在布局中垂直居中
android:layout_centerInparent	该子组件是否在布局的中央位置
android:layout_below	在某元素的下方
android:layout_above	在某元素的上方
android:layout_marginBottom	离某元素底边缘的距离
android:layout_marginLeft	离某元素左边缘的距离
android:layout_alignParentRight	该子组件是否与整个布局右边对齐
android:layout_alignParentTop	该子组件是否与整个布局顶端对齐

设置相对布局里面所有组件的对齐方式如表 2.8 所示。

表 2.8　组件的对齐属性

XML 属性	描　　述
android:gravity	设置容器内各个子组件的对齐方式
android:ignoreGravity	设置该组件不受 gravity 属性的影响

2) RelativeLayout 的使用

使用 RelativeLayout 属性实现效果如图 2.22 所示，具体方法及步骤如下。

图 2.22　RelativeLayout 效果

第一步：新建 Android 项目，命名为 AndroidDemo_2.1.9。

第二步：在界面布局中添加"按钮 1"，设置属性"android:layout_alignParentLeft"与
"android:layout_alignParentTop"为"true"，使其居于左上角，代码如下所示。

```xml
<?xml version="1.0" encoding="utf-8"?>
< RelativeLayout
  xmlns:android="http://schemas.android.com/apk/res/android"
  xmlns:app="http://schemas.android.com/apk/res-auto"
  xmlns:tools="http://schemas.android.com/tools"
  android:layout_width="match_parent"
  android:layout_height="match_parent"
  android:orientation="vertical">
<Button
  android:id="@+id/button1"
  android:layout_width="wrap_content"
  android:layout_height="wrap_content"
  android:layout_alignParentLeft="true"
  android:layout_alignParentTop="true"
  android:text="按钮 1" />
</ RelativeLayout>
```

第三步：在界面布局中添加"按钮 2"，设置属性"android:layout_alignParentRight"
与"android:layout_alignParentTop"为"true"，使其居于界面右上角，代码如下所示。

```xml
<?xml version="1.0" encoding="utf-8"?>
<RelativeLayout
  xmlns:android="http://schemas.android.com/apk/res/android"
  xmlns:app="http://schemas.android.com/apk/res-auto"
  xmlns:tools="http://schemas.android.com/tools"
  android:layout_width="match_parent"
  android:layout_height="match_parent"
  android:orientation="vertical">
<Button
  android:id="@+id/button1"
  android:layout_width="wrap_content"
  android:layout_height="wrap_content"
  android:layout_alignParentLeft="true"
  android:layout_alignParentTop="true"
  android:text="按钮 1" />
<Button
  android:id="@+id/button2"
  android:layout_width="wrap_content"
```

```
            android:layout_height="wrap_content"

            android:layout_alignParentRight="true"

            android:layout_alignParentTop="true"

            android:text="按钮 2" />

    </ RelativeLayout>
```

第四步：在界面布局中添加"按钮 3"，设置属性"android:layout_centerInParent"为"true"，使其居于界面中央，代码如下所示。

```
<?xml version="1.0" encoding="utf-8"?>

<RelativeLayout

    xmlns:android="http://schemas.android.com/apk/res/android"

    xmlns:app="http://schemas.android.com/apk/res-auto"

    xmlns:tools="http://schemas.android.com/tools"

    android:layout_width="match_parent"

    android:layout_height="match_parent"

    android:orientation="vertical">

    <Button

        android:id="@+id/button1"

        android:layout_width="wrap_content"

        android:layout_height="wrap_content"

        android:layout_alignParentLeft="true"

        android:layout_alignParentTop="true"

        android:text="按钮 1" />

    <Button

        android:id="@+id/button2"

        android:layout_width="wrap_content"

        android:layout_height="wrap_content"

        android:layout_alignParentRight="true"

        android:layout_alignParentTop="true"

        android:text="按钮 2" />

    <Button

        android:id="@+id/button3"

        android:layout_width="wrap_content"

        android:layout_height="wrap_content"

        android:layout_centerInParent="true"

        android:text="按钮 3" />

    </ RelativeLayout>
```

第五步：在界面布局中添加"按钮 4"，设置属性"android:layout_alignParentLeft"与"android:layout_alignParentBottom"为"true"，使其居于左下角，代码如下所示。

```xml
<?xml version="1.0" encoding="utf-8"?>
<RelativeLayout
    xmlns:android="http://schemas.android.com/apk/res/android"
    xmlns:app="http://schemas.android.com/apk/res-auto"
    xmlns:tools="http://schemas.android.com/tools"
    android:layout_width="match_parent"
    android:layout_height="match_parent"
    android:orientation="vertical">
    <Button
        android:id="@+id/button1"
        android:layout_width="wrap_content"
        android:layout_height="wrap_content"
        android:layout_alignParentLeft="true"
        android:layout_alignParentTop="true"
        android:text="按钮 1" />
    <Button
        android:id="@+id/button2"
        android:layout_width="wrap_content"
        android:layout_height="wrap_content"
        android:layout_alignParentRight="true"
        android:layout_alignParentTop="true"
        android:text="按钮 2" />
    <Button
        android:id="@+id/button3"
        android:layout_width="wrap_content"
        android:layout_height="wrap_content"
        android:layout_centerInParent="true"
        android:text="按钮 3" />
    <Button
        android:id="@+id/button4"
        android:layout_width="wrap_content"
        android:layout_height="wrap_content"
        android:layout_alignParentBottom="true"
        android:layout_alignParentLeft="true"
        android:text="按钮 4" />
</ RelativeLayout>
```

第六步：在界面布局中添加"按钮 5"，设置属性"android:layout_alignParentRight"与"android:layout_alignParentBottom"为"true"，使其居于右下角，代码如下所示。

```xml
<?xml version="1.0" encoding="utf-8"?>
<RelativeLayout
    xmlns:android="http://schemas.android.com/apk/res/android"
    xmlns:app="http://schemas.android.com/apk/res-auto"
    xmlns:tools="http://schemas.android.com/tools"
    android:layout_width="match_parent"
    android:layout_height="match_parent"
    android:orientation="vertical">
    <Button
        android:id="@+id/button1"
        android:layout_width="wrap_content"
        android:layout_height="wrap_content"
        android:layout_alignParentLeft="true"
        android:layout_alignParentTop="true"
        android:text="按钮 1" />
    <Button
        android:id="@+id/button2"
        android:layout_width="wrap_content"
        android:layout_height="wrap_content"
        android:layout_alignParentRight="true"
        android:layout_alignParentTop="true"
        android:text="按钮 2" />
    <Button
        android:id="@+id/button3"
        android:layout_width="wrap_content"
        android:layout_height="wrap_content"
        android:layout_centerInParent="true"
        android:text="按钮 3" />
    <Button
        android:id="@+id/button4"
        android:layout_width="wrap_content"
        android:layout_height="wrap_content"
        android:layout_alignParentBottom="true"
        android:layout_alignParentLeft="true"
        android:text="按钮 4" />
    <Button
        android:id="@+id/button5"
        android:layout_width="wrap_content"
        android:layout_height="wrap_content"
```

```
        android:layout_alignParentBottom="true"

        android:layout_alignParentRight="true"

        android:text="按钮 5" />

  </ RelativeLayout>
```

运行项目,实现效果如图 2.22 所示。

3. TableLayout(表格布局)

1) TableLayout 简介及属性

TableLayout 与平时使用的 Excel 表格类似,都是将子元素的位置设置到具体的行或列中。一个 TableLayout 是由许多的 TableRow(行)组成的。表格布局管理器中,常用的属性如表 2.9 所示。

表 2.9 TableLayout 布局属性

属　　性	描　　述
Shrinkable	该列所有单元格宽度可被变大或被变小,表格适应父容器的宽度
Stretchable	该列的所有单元格宽度可被拉长或被拉短
Collapsed	该列的所有单元格都不显示

2) TableLayout 的使用

使用 TableLayout 属性实现效果如图 2.23 所示,具体方法及步骤如下。

图 2.23 TableLayout 效果图

第一步:新建 Android 项目,命名为 AndroidDemo_2.1.10。

第二步:使用表格布局,实现代码如下所示。

```
<TableLayout

    android:id="@+id/tablelayout01"

    android:layout_width="match_parent"
```

```
            android:layout_height="wrap_content"
            android:shrinkColumns="1"
            android:stretchColumns="2" >
        <!-- 直接添加按钮，自己占用一行 -->
    <Button
            android:id="@+id/btn01"
            android:layout_width="wrap_content"
            android:layout_height="wrap_content"
            android:text="独自一行" >
    </Button>
        <TableRow>
            <Button
                android:id="@+id/btn02"
                android:layout_width="wrap_content"
                android:layout_height="wrap_content"
                android:text="普通" >
            </Button>
            <Button
                android:id="@+id/btn03"
                android:layout_width="wrap_content"
                android:layout_height="wrap_content"
                android:text="允许被收缩允许被收缩" >
            </Button>
            <Button
                android:id="@+id/btn04"
                android:layout_width="wrap_content"
                android:layout_height="wrap_content"
                android:text="允许被拉伸允许被拉伸允许被拉伸" >
            </Button>
        </TableRow>
    </TableLayout>
```

4．FrameLayout(帧布局)

1) FrameLayout 简介及属性

FrameLayout 是子组件，被默认放在左上角，并且后面的子元素直接覆盖在前面的子元素之上，将前面的子元素部分或全部遮挡的一种布局方式。这就像在画板上刷颜料，刷一层就会将原本位置的颜色覆盖。

FrameLayout 常用的属性如表 2.10 所示。

表 2.10　FrameLayout 布局属性

属　　性	描　　述
android:foreground	设置该帧布局容器的前景图像
android:foregroundGravity	设置前景图像显示的位置

2) FrameLayout 的使用

使用 FrameLayout 属性实现效果如图 2.24 所示，具体方法及步骤如下。

图 2.24　FrameLayout 效果图

第一步：新建 Android 项目，命名为 AndroidDemo_2.1.11。

第二步：编辑 FrameLayout，实现代码如下所示。

```
<FrameLayout
    xmlns:android="http://schemas.android.com/apk/res/android"
    xmlns:app="http://schemas.android.com/apk/res-auto"
    xmlns:tools="http://schemas.android.com/tools"
    android:layout_width="match_parent"
    android:layout_height="match_parent"
    android:orientation="vertical"
    tools:context="com.example.text.MainActivity">
<TextView
    android:layout_width="wrap_content"
    android:layout_height="wrap_content"
    android:textSize="100dp"
    android:textColor="#9c27b0"
    android:text="第一层"/>
<TextView
```

```
            android:layout_width="wrap_content"
            android:layout_height="wrap_content"
            android:textSize="80dp"
            android:textColor="#e91e63"
            android:text="第二层"/>
    <TextView
            android:layout_width="wrap_content"
            android:layout_height="wrap_content"
            android:textSize="60dp"
            android:textColor="#e51c23"
            android:text="第三层"/>
    <TextView
            android:layout_width="wrap_content"
            android:layout_height="wrap_content"
            android:textSize="40dp"
            android:textColor="#5677fc"
            android:text="第四层"/>
</FrameLayout>
```

5.AbsoluteLayout(绝对布局)

相较于其他的几种布局，AbsoluteLayout 是很好理解的一种布局。平时在生活中，家具的摆放一般在一个固定位置，以房子的一个角作为坐标原点，然后这个位置就可以用(X,Y)来表示。AbsoluteLayout 中通过"android:layout_x"和"android:layout_y"来指定其子元素准确的坐标位置。当使用 AbsoluteLayout 作为布局容器时，布局容器不再管理子组件的位置、大小，这些需要程序员自行控制。

开发每种布局效果都要找到适合的布局方式，例如平时用的手机计算器，它最合适的布局就是 TableLayout。另外，这五个布局元素可以相互嵌套应用，做出理想的效果。

技能点 3 界面跳转与数据传递

1.Activity

1) Activity 简介

Activity 是一个应用程序组件，为用户提供一个屏幕，用户可以用来交互完成某项任务，例如拨号、拍照、发送电子邮件等。应用除了可以访问本身的 Activity，也可以访问其他 APP 的 Activity，这一点会在下面的项目中讲到。

2) Activity 生命周期

Activity 有生命周期，其实例是由系统创建，并在不同状态期间回调不同的方法。一个最简单的、完整的 Activity 生命周期会按照如下顺序回调：onCreate()→onStart()→onResume()→onPause()→onStop()→onDestroy()。Android 的生命周期如图 2.25 所示。

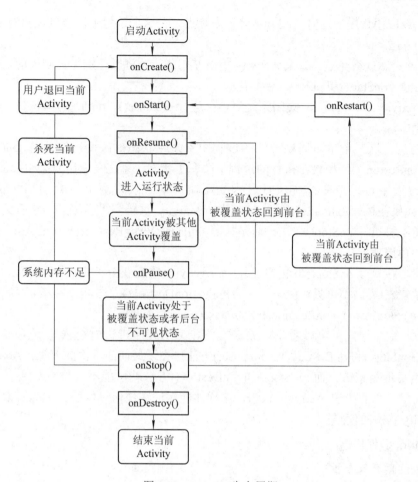

图 2.25 Activity 生命周期

onCreate()：生命周期第一个被调用的方法，在创建 Activity 时需重写该方法。在 OnCreate()中做一些初始化的操作，例如通过 setContentView()设置界面布局的资源、初始化组件等。

onStart()：此方法被回调表示 Activity 正在启动，此时 Activity 没在前台显示，无法与用户进行交互。

onResume()：此方法被回调表示 Activity 已在前台可见，可与用户交互。从流程图可看出，当 Activity 停止后，onPause()方法和 onStop()方法被调用，重新回到前台，onResume()方法也会被调用，因此可在 onResume()方法中初始化信息。

onPause()：表示 Activity 正在停止(Paused 形态)，紧接着会回调 onStop()方法。

onRestart()：表示 Activity 正在重新启动，当 Activity 由不可见变为可见状态时，该方法被回调。用户打开新 Activity 时，当前 Activity 会被暂停(onPause()和 onStop()被执行)，然后回到当前 Activity 页面，onRestart()方法就会被回调。

onDestroy()：此方法被回调时表示 Activity 正在被销毁，该方法是生命周期最后一个执行的方法，一般在此方法中实现回收工作和资源释放。

Activity 失去焦点：如果在 Activity 获得焦点的情况(用户可以见到的时候)下进入其他

的 Activity 或应用程序，这时 Activity 会失去焦点。在这个过程中，会依次执行 onPause() 和 onStop()方法。

Activity 重新获得焦点：如果 Activity 重新获得焦点，可以理解为见到界面，会依次执行 onRestart()、onStart()和 onResume()方法。

关闭 Activity：当 Activity 关闭系统时，会运行 onPause()、onStop()和 onDestroy()这三个生命周期方法。

如果在执行这三个生命周期方法的过程中不发生状态的改变，则执行 onCreate()、onStart()、onResume()；如果在执行的过程中改变了状态，系统会调用复杂生命周期方法。在执行的过程中可以改变系统执行过程的生命周期方法有两个，分别是 onPause()和 onStop()。如果在执行 onPause()方法的过程中 Activity 重新获得了焦点，然后又失去了焦点，系统将不再执行 onStop()方法，而是按照 onPause()→onResume()→onPause()的顺序执行相应的生命周期方法。

如果程序在执行 onStop()方法的过程中，Activity 重新获得了焦点(界面再次可见)，然后又失去了焦点(界面不可见)，程序将不会再执行 onDestroy()方法，而是按顺序执行 onStop() →onRestart()→onStart()→onResume()→onPause()→onStop()方法。

Activity 生命周期里可以看出，系统在终止应用程序进程时会依次调用三个方法：onPause()、onStop()和 onDestroy()。onPause()方法排在了最前面，由此可见，Activity 在失去焦点时就可能被销毁，而 onStop()和 onDestroy()方法就可能不会执行。所以大多数在 onPause()方法中保存当前 Activity 状态，这样才能保证在任何时候终止进程时都可以执行保存 Activity 状态的代码。

2. Intent 数据传递

1) Intent 简介及属性

Intent 的意思是"意图、意向"，在 Android 中提供 Intent 机制用于封装程序的"调用意图"，负责对程序中的一次操作的动作、动作涉及的数据、附加数据进行描述，然后根据此 Intent 描述，找到对应的组件，将 Intent 传递给调用的组件，完成组件的调用。这个过程涉及两个 Activity，通常把需要交换的数据封装成 Bundle 对象，然后将 Bundle 对象作为参数传入，就可以实现两个 Activity 间的数据交换。

Intent 是各种应用程序组件之间"交流"的重要媒介。Intent 可以用来启动 Activity、Service 和 BroadcastReceiver。Android 均使用统一的 Intent 对象来封装这种将要启动另一个组件的意图。使用 Intent 提供一致的编程模型。

Intent 可明确指定组件的名称，精确启动某个系统组件，例如精确指定要开启的 Activity 的名字。也可以不指定组件名称，只要能匹配到这个 Intent 的应用都可以接收到，如发送一个拍照 Intent。因为有这种特征的组件很多，所以可以通过在 intent-filter 中配置相应的属性进行处理，这种指定叫模糊指定。

Intent 对象大致包括 7 大属性：Action(动作)、Data(数据)、Category(种类)、Extra(额外)、Flag(标记)、Type(类型)、Component(组件)。

• Action 属性

Action 是标识符，当一个 Activity 需要和外部的 Activity 或者广播一起完成某个功能时，就会发出一个 Intent，并在 intent-filter 中添加相应的 Action。在 SDK 中定义了一系列标准动作，如表 2.11 所示。

表 2.11　Action 执行动作

Onstant	Target component	Action
ACTION_CALL	activity	启动一个电话
ACTION_EDIT	activity	显示用户编辑的数据
ACTION_MAIN	activity	作为 Task 中第一个 Activity 启动
ACTION_SYNC	activity	同步手机与数据服务器上的数据
ACTION_BATTERY_LOW	broadcast receiver	电池电量过低警告
ACTION_HEADSET_PLUG	broadcast receiver	拔插耳机警告
ACTION_SCREEN_ON	broadcast receiver	屏幕变亮警告
ACTION_TIMEZONE_CHANGED	broadcast receiver	改变时区警告

- Data 属性

Data 是操作数据，包括了 Uri 类型数据和 MIME Type 类型数据，数据域 Action 要匹配。Data 用来保存需要传递的数据格式。

- Category 属性

Category 代表 Intent 的种类，Android 上启动 Activity 可以用程序列表、桌面图标、点击 Home 激活桌面等多种方式，Category 则用来标识这些 Activity 的图标会出现在哪些启动的上下文环境中。

- Extra 属性

Extra 属性用来保存传递过程中的数据，是添加一些组件的附加信息。比如，如果要通过一个 Activity 来发送一个 Email，就可以通过 Extra 属性来添加 subject 和 body。

- Flag 属性

通过设置 Flag，可以设置 Activity 是采用哪种启动模式。

- Type 属性

Type 主要是为了对 data 的类型做进一步的说明。一般来说，设置 Data 属性为 null，Type 属性才有效；如果 Data 属性不设置为 null，系统会自动根据 data 中的协议来分析 data 的数据类型。

- Component 属性

Component 属性指定 Intent 目标组件的类名称。通常 Android 会根据 Intent 中包含的其他属性的信息，比如 action、data/type、category 进行查找，最终找到一个与之匹配的目标组件。但是，如果 Component 这个属性有指定的话，将直接使用它指定的组件，而不再执行上述查找过程。指定了这个属性以后，Intent 的其他所有属性都是可选的。

2) Intent 的类型

Intent 的类型分为显式和隐式两种。

显式的 Intent：一般这种 Intent 经常用在一个应用中。需要知道要启动的组件名称，如某个 Activity 的包名和类名，在 Intent 中明确地指定了这个组件(Activity)。因为已经明确了要启动的组件名称，所以当创建一个显式 Intent 来启动一个 Activity 时，系统会立刻通过创建的 Intent 对象启动相应组件。

  隐式的 Intent：隐式 Intent 与显式 Intent 最大的区别是不知道要启动的组件名称，但是知道 Intent 动作要执行什么动作，比如需要拍照、录像、查看地图等。一般这种 Intent 用在不同的应用之间传递信息。当创建一个隐式 Intent 时，需要在清单文件中指定 intent-filter，系统会根据 intent-filter 查找匹配的组件。如果发送的 Intent 匹配到一个 intent-filter，系统会把 Intent 传递到对应的组件，并且启动它。如果找到多个匹配的 intent-filter 对应的应用程序，则会弹出一个对话框，该对话框会让你选择由哪个应用程序接收 Intent。

  3) Intent 的使用方法

  Android 中 Intent 传递数据方法常用的有直接传递数据(startActivity())和数据回调(startActivityForResult())两种。

  (1) 直接传递数据。

  最常用的传值跳转方法是 startActivity()，具体使用方法如下所示。

  第一步：新建 Android 项目，命名为 AndroidDemo_2.1.12。

  第二步：在 MainActivity 中编写 OnClickListener 点击监听事件，并实现 Intent 数据传递，进行 Toast 提示，效果如图 2.26 和图 2.27 所示。

图 2.26　MainActivity 传递值   图 2.27　TwoActivity 接收值

代码如下所示(部分代码省略)：

```
public class MainActivity extends AppCompatActivity {
    private Button btn_send;
    @Override
    protected void onCreate(Bundle savedInstanceState) {
        super.onCreate(savedInstanceState);
        setContentView(R.layout.activity_main);
```

```
        btn_send = (Button) findViewById(R.id.btn_send);
        btn_send.setOnClickListener(new View.OnClickListener() {
            @Override
            public void onClick(View view) {
                /* @ Intent(Context,Class<?>)
                 * @param Context:当前上下文 activity
                 * @param Class<?>:目标 activity
                 */
            Intent intent = new Intent(MainActivity.this,TwoActivity.class);
                //在 Intent 对象当中添加一个键值对
                intent.putExtra("key","value");
                startActivity(intent);
                Toast.makeText(MainActivity.this,"传递：value ",
                Toast.LENGTH_SHORT).show();
            }
        });
    }
```

第三步：在 TwoActivity 中编写 Intent 数据接收方法，并进行 Toast 提示，代码如下所示。

```
public class TwoActivity extends AppCompatActivity {
private Button btn_get;
@Override
protected void onCreate(Bundle savedInstanceState) {
    super.onCreate(savedInstanceState);
    setContentView(R.layout.activity_two);
    btn_get = (Button) findViewById(R.id.btn_get);
    btn_get.setOnClickListener(new View.OnClickListener() {
        @Override
        public void onClick(View view) {
            //取得从 MainActivity 中传递过来的 Intent 对象
            Intent intent = getIntent();
            //从 Intent 当中根据 key 取得 value
            if (intent != null) {
                String value = intent.getStringExtra("key");
                Toast.makeText(TwoActivity.this, "接收："+value, Toast.LENGTH_SHORT).show();
            }
        }
    });
}
```

```
}
```

运行项目，实现效果如图 2.26 和图 2.27 所示。

(2) 数据回调。

该方法是回调数据时传值跳转方法，其作用是由当前界面跳转至目标界面，当目标界面销毁时向当前界面回传数据，具体使用方法如下所示。

第一步：新建 Android 项目，命名为 AndroidDemo_2.1.13。

第二步：在 MainActivity 中添加"跳转"按钮，点击按钮时执行 startActivityForResult() 方法，跳转至 TwoActivity 界面，当点击 TwoActivity 界面中的"销毁"按钮时销毁 TwoActivity，同时向 MainActivity 回传数据，在 MainActivity 中通过定义 onActivityResult() 方法接收回传数据，效果如图 2.28 和图 2.29 所示。

图 2.28　MainActivity 回调值

图 2.29　TwoActivity 发送值

MainActivity 代码如下所示(部分代码省略)。

```
public class MainActivity extends AppCompatActivity {
    private Button btn_star;
    @Override
    protected void onCreate(Bundle savedInstanceState) {
        super.onCreate(savedInstanceState);
        setContentView(R.layout.activity_main);
        btn_star = (Button) findViewById(R.id.btn_star);
        btn_star.setOnClickListener(new View.OnClickListener() {
            @Override
            public void onClick(View view) {
                Intent intent = new Intent(MainActivity.this,TwoActivity.class);
                startActivityForResult(intent, 0);
            }
```

```
            });
        }
        //由于是使用 startActivityForResult()方法来启动 TwoActivity
        //在 TwoActivity 被销毁之后会回调上一个活动的 onActivityResult()方法
        @Override
        protected void onActivityResult(int requestCode, int resultCode, Intent data) {
            super.onActivityResult(requestCode, resultCode, data);
            if (resultCode == RESULT_OK) {
                //接收对象
                String returnedData = data.getStringExtra("key1");
                Toast.makeText(MainActivity.this,"返回："+ returnedData,
                        Toast.LENGTH_SHORT).show();
            }
        }
    }
```

TwoActivity 代码如下所示(部分代码省略)。

```
public class TwoActivity extends AppCompatActivity {
    private Button btn_stop;
    @Override
    protected void onCreate(Bundle savedInstanceState) {
        super.onCreate(savedInstanceState);
        setContentView(R.layout.activity_two);
        btn_stop = (Button) findViewById(R.id.btn_stop);
        btn_stop.setOnClickListener(new View.OnClickListener() {
            @Override
            public void onClick(View view) {
                //传递对象
                Intent intent = new Intent();
                intent.putExtra("key1","value   two activity");
            //专门用于向上一个活动返回数据。第一个参数用于向上一个活动返回结果码，一般
                只使用 RESULT_OK 或 RESULT_CANCELED 这两个值
                setResult(RESULT_OK, intent);
                finish();
                Toast.makeText(TwoActivity.this,"发送：value   two activity ",
                        Toast.LENGTH_SHORT).show();
            }
        });
    }
}
```

运行项目，实现效果如图 2.28 和图 2.29 所示。

【任务实现】

本任务主要实现教师信息模块界面的设计。首先进行用户选择界面设计，其次对教师信息界面、教师登录界面、个人信息界面、修改密码及设置密保界面进行设计。实现流程如图 2.30 所示，

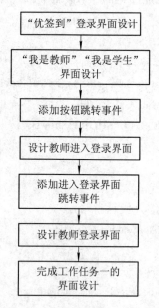

图 2.30　登录界面设计实现流程

界面设计过程中，应充分应用技能点中所学的知识，实现界面效果，具体方法及步骤如下。

第一步：新建一个名为 UQD_App 的项目，创建完成后的效果如图 2.31 所示。

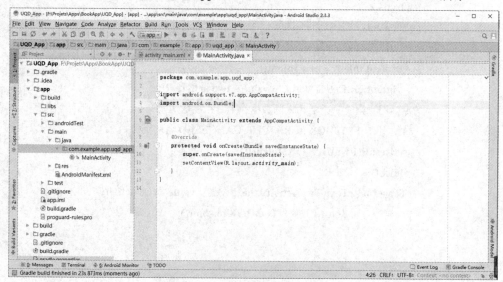

图 2.31　新建项目

新建项目中，添加项目所要用到的文件包后的结构效果如图 2.32 所示。

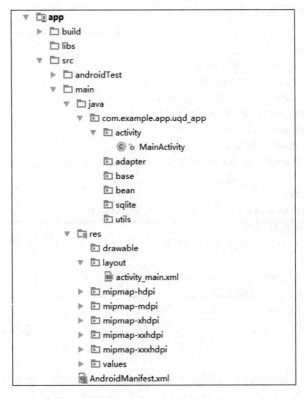

图 2.32 项目目录结构

文件包添加完成后，不对 MainActivity 文件进行直接操作。因为运行程序的首界面为用户选择角色(分为教师和学生两种角色)界面，所以首先创建 ChooseLoginActivity.java 文件与其相关的布局文件 activity_choose_login.xml，接着在清单文件中修改运行程序后显示第一个 Activity 界面。修改流程如下所示：

• 打开清单文件 AndroidManifest.xml，在清单文件中找到<intent-filter>标签，如图 2.33 所示。

```xml
<application
    android:allowBackup="true"
    android:icon="@mipmap/ic_launcher"
    android:label="@string/app_name"
    android:roundIcon="@mipmap/ic_launcher_round"
    android:supportsRtl="true"
    android:theme="@style/AppTheme">
    <activity android:name=".activity.MainActivity">
        <intent-filter>
            <action android:name="android.intent.action.MAIN" />

            <category android:name="android.intent.category.LAUNCHER" />
        </intent-filter>
    </activity>
    <activity android:name=".activity.ChooseLoginActivity"></activity>
</application>
```

图 2.33 清单文件

• 修改清单文件内容，将<intent-filter>标签中的内容复制到 ChooseLoginActivity 的 <activity>标签下，如图 2.34 所示。

```
<application
    android:allowBackup="true"
    android:icon="@mipmap/ic_launcher"
    android:label="@string/app_name"
    android:roundIcon="@mipmap/ic_launcher_round"
    android:supportsRtl="true"
    android:theme="@style/AppTheme">
    <activity android:name=".activity.MainActivity">

    </activity>
    <activity android:name=".activity.ChooseLoginActivity">
        <intent-filter>
            <action android:name="android.intent.action.MAIN" />

            <category android:name="android.intent.category.LAUNCHER" />
        </intent-filter>
    </activity>
</application>
```

图 2.34　修改的清单文件

此时，ChooseLoginActivity 界面就是程序运行后显示的第一个 Activity。

第二步：设置工作完成后，将对"优签到"用户类型选择界面进行整体布局设计，在界面中添加"我是教师"和"我是学生"按钮，如图 2.35 所示。

图 2.35　用户类型选择界面

用户类型选择布局代码如下所示：

```xml
<?xml version="1.0" encoding="utf-8"?>
<LinearLayout xmlns:android="http://schemas.android.com/apk/res/android"
    xmlns:app="http://schemas.android.com/apk/res-auto"
    xmlns:tools="http://schemas.android.com/tools"
    android:layout_width="match_parent"
    android:layout_height="match_parent"
    android:background="@drawable/index"
    android:orientation="vertical"
    android:gravity="center">
    <Button
        android:id="@+id/btn_teacher"
        android:layout_width="wrap_content"
        android:layout_height="wrap_content"
        android:text="我是教师"
        android:background="@drawable/select_cricle_button"
        android:textSize="20sp"
        android:layout_marginTop="100dp"/>
    <Button
        android:id="@+id/btn_student"
        android:layout_width="wrap_content"
        android:layout_height="wrap_content"
        android:text="我是学生"
        android:layout_marginTop="50dp"
        android:background="@drawable/select_cricle_button"
        android:textSize="20sp"/>
</LinearLayout>
```

因为该应用需要手动设计标题栏样式，所以这里需要设置无标题栏样式，操作流程如下：

- 打开"app"→"src"→"main"文件夹下的"AndroidManifest.xml"文件。
- 在<application>标签中找到"android:theme="@style/APPTheme""。
- 将其内容修改为"android:theme="@style/Theme.AppCompat.NoActionBar""。

此时，应用中所有界面的标题栏将不会显示在界面上。

第三步：添加教师管理按钮点击事件，并跳转至教师信息界面。在 activity 包下创建 TeacherActivity.java 文件并对应在 layout 文件夹下生成对应布局文件 activity_teacher.xml。在教师信息界面中显示头像效果并在头像下方添加"点击登录"文本，然后添加教师个人信息、系统设置、签到选择等选项，如图2.36所示。

图 2.36   教师信息界面

"我是教师"按钮点击事件，登录界面布局代码如下所示：

```
public void onClick(View v) {
switch (v.getId()){
    case R.id.btn_teacher:
        startActivity(new Intent(ChooseLoginActivity.this,TeacherActivity.class));
        break;
    }
}
```

在 layout 文件夹下新建 main_title_bar.xml 布局文件，在该文件中编写顶部标题栏，并通过<include>标签将其添加在布局中，代码如下所示：

```
<?xml version="1.0" encoding="utf-8"?>
<RelativeLayout xmlns:android="http://schemas.android.com/apk/res/android"
    android:id="@+id/title_bar"
    android:layout_width="match_parent"
    android:layout_height="50dp"
    android:background="@drawable/bar" >
    <TextView
        android:id="@+id/tv_back"
        android:layout_width="50dp"
        android:layout_height="50dp"
        android:background="@drawable/go_back_selector"
        android:layout_alignParentTop="true"
        android:layout_alignParentLeft="true"
        android:layout_alignParentStart="true" />
```

```xml
<TextView
    android:id="@+id/tv_main_title"
    android:layout_width="wrap_content"
    android:layout_height="wrap_content"
    android:textColor="@android:color/white"
    android:textSize="15sp"
    android:layout_centerInParent="true"
    />
<TextView
    android:id="@+id/tv_save"
    android:layout_width="wrap_content"
    android:layout_height="30dp"
    android:layout_alignParentRight="true"
    android:layout_marginTop="10dp"
    android:layout_marginRight="20dp"
    android:layout_centerVertical="true"
    android:gravity="center"
    android:textSize="16sp"
    android:textColor="@android:color/white"
    android:text="保存"
    android:visibility="gone"
    />
<TextView
    android:id="@+id/tv_scan"
    android:layout_width="30dp"
    android:layout_height="30dp"
    android:layout_alignParentRight="true"
    android:layout_marginTop="10dp"
    android:layout_marginRight="20dp"
    android:layout_centerVertical="true"
    android:gravity="center"
    android:background="@drawable/scan"
    android:visibility="gone"
    />
</RelativeLayout>
```

使用线性布局嵌套相对布局及文本框控件来设计教师信息界面，教师信息界面布局设计代码如下所示：

```xml
<?xml version="1.0" encoding="utf-8"?>
<LinearLayout xmlns:android="http://schemas.android.com/apk/res/android"
```

```xml
    android:orientation="vertical"
    android:layout_width="match_parent"
    android:layout_height="match_parent"
    android:background="@drawable/t_background">
    <include layout="@layout/main_title_bar" />
    <LinearLayout
        android:id="@+id/ll_head"
        android:layout_width="fill_parent"
        android:layout_height="0dp"
        android:layout_weight="2"
        android:gravity="center"
        android:orientation="vertical">
        <ImageView
            android:id="@+id/img_teacher"
            android:layout_width="100dp"
            android:layout_height="100dp"
            android:src="@drawable/hand"
            />
        <TextView
            android:id="@+id/tv_user_name"
            android:layout_width="wrap_content"
            android:layout_height="wrap_content"
            android:layout_gravity="center_horizontal"
            android:layout_marginTop="15dp"
            android:text="点击登录"
            android:textColor="#ffffff"
            android:textSize="18sp" />
    </LinearLayout>
    <LinearLayout
        android:layout_width="match_parent"
        android:layout_height="0dp"
        android:layout_marginTop="5dp"
        android:layout_weight="1.5"
        android:orientation="vertical">
        <LinearLayout
            android:layout_width="match_parent"
            android:layout_height="50dp"
            android:gravity="center">
            <TextView
```

```
                android:id="@+id/textView3"
                android:layout_width="wrap_content"
                android:layout_height="wrap_content"
                android:text="授课对象"
                android:textColor="#ffffff"
                android:textSize="18sp" />
        </LinearLayout>
        <LinearLayout
            android:layout_width="match_parent"
            android:layout_height="30dp"
            android:gravity="center"
            android:orientation="horizontal">
            <TextView
                android:id="@+id/textView2"
                android:layout_width="0dp"
                android:layout_height="wrap_content"
                android:layout_weight="1"
                android:gravity="center"
                android:text="专业名称"
                android:textColor="#000000"
                android:textSize="15sp" />
            <TextView
                android:layout_width="0dp"
                android:layout_height="wrap_content"
                android:layout_weight="1"
                android:gravity="center"
                android:text="班级名称"
                android:textColor="#000000"
                android:textSize="15sp" />
            <TextView
                android:layout_width="0dp"
                android:layout_height="wrap_content"
                android:layout_weight="1"
                android:gravity="center"
                android:text="班级人数"
                android:textColor="#000000"
                android:textSize="15sp" />
        </LinearLayout>
        <LinearLayout
```

```
        android:layout_width="match_parent"
        android:layout_height="50dp"
        android:gravity="center"
        android:orientation="horizontal">
        <TextView
            android:id="@+id/tv_teacher_profession"
            android:layout_width="0dp"
            android:layout_height="wrap_content"
            android:layout_weight="1"
            android:gravity="center"
            android:textColor="#FFA500"
            android:textSize="15sp" />
        <TextView
            android:id="@+id/tv_teacher_classname"
            android:layout_width="0dp"
            android:layout_height="wrap_content"
            android:layout_weight="1"
            android:gravity="center"
            android:textColor="#FFA500"
            android:textSize="15sp" />
        <TextView
            android:id="@+id/tv_teacher_numb"
            android:layout_width="0dp"
            android:layout_height="wrap_content"
            android:layout_weight="1"
            android:gravity="ccnter"
            android:textColor="#FFA500"
            android:textSize="15sp"
            />
    </LinearLayout>
</LinearLayout>
<LinearLayout
    android:layout_width="match_parent"
    android:layout_height="0dp"
    android:layout_weight="2"
    android:orientation="vertical">
    <View
        android:layout_width="fill_parent"
        android:layout_height="1dp"
```

```xml
                android:background="#E3E3E3" />
    <RelativeLayout
            android:id="@+id/rl_information"
            android:layout_width="fill_parent"
            android:layout_height="0dp"
            android:layout_weight="1"
            android:background="#F7F8F8"
            android:gravity="center_vertical"
            android:paddingLeft="10dp"
            android:paddingRight="10dp">
            <ImageView
                android:id="@+id/iv_operate_icon"
                android:layout_width="20dp"
                android:layout_height="20dp"
                android:layout_centerVertical="true"
                android:layout_marginLeft="25dp"
                android:src="@drawable/myinfo_opearte_icon" />
            <TextView
                android:layout_width="wrap_content"
                android:layout_height="wrap_content"
                android:layout_centerVertical="true"
                android:layout_marginLeft="25dp"
                android:layout_toRightOf="@id/iv_operate_icon"
                android:text="个人信息"
                android:textColor="#A3A3A3"
                android:textSize="16sp" />
            <ImageView
                android:layout_width="15dp"
                android:layout_height="15dp"
                android:layout_alignParentRight="true"
                android:layout_centerVertical="true"
                android:layout_marginRight="25dp"
                android:src="@drawable/iv_right_arrow" />
    </RelativeLayout>
    <View
            android:layout_width="fill_parent"
            android:layout_height="1dp"
            android:background="#E3E3E3" />
    <RelativeLayout
```

```xml
        android:id="@+id/rl_setting"
        android:layout_width="fill_parent"
        android:layout_height="0dp"
        android:layout_weight="1"
        android:background="#F7F8F8"
        android:gravity="center_vertical"
        android:paddingLeft="10dp"
        android:paddingRight="10dp">
        <ImageView
            android:id="@+id/iv_userinfo_icon"
            android:layout_width="20dp"
            android:layout_height="20dp"
            android:layout_centerVertical="true"
            android:layout_marginLeft="25dp"
            android:src="@drawable/myinfo_setting_icon" />
        <TextView
            android:layout_width="wrap_content"
            android:layout_height="wrap_content"
            android:layout_centerVertical="true"
            android:layout_marginLeft="25dp"
            android:layout_toRightOf="@id/iv_userinfo_icon"
            android:text="系统设置"
            android:textColor="#A3A3A3"
            android:textSize="16sp" />
        <ImageView
            android:layout_width="15dp"
            android:layout_height="15dp"
            android:layout_alignParentRight="true"
            android:layout_centerVertical="true"
            android:layout_marginRight="25dp"
            android:src="@drawable/iv_right_arrow" />
    </RelativeLayout>
    <View
        android:layout_width="fill_parent"
        android:layout_height="1dp"
        android:background="#E3E3E3" />
    <RelativeLayout
        android:layout_width="fill_parent"
        android:layout_height="0dp"
```

```xml
            android:layout_weight="1"
            android:background="#F7F8F8"
            android:gravity="center_vertical"
            android:paddingLeft="10dp"
            android:paddingRight="10dp">
            <ImageView
                android:id="@+id/iv_userinfos_icon"
                android:layout_width="20dp"
                android:layout_height="20dp"
                android:layout_centerVertical="true"
                android:layout_marginLeft="25dp"
                android:src="@drawable/choose" />
            <TextView
                android:layout_width="wrap_content"
                android:layout_height="wrap_content"
                android:layout_centerVertical="true"
                android:layout_marginLeft="25dp"
                android:layout_toRightOf="@id/iv_userinfos_icon"
                android:text="签到选择"
                android:textColor="#A3A3A3"
                android:textSize="16sp" />
            <-- 签到选择按钮，点击时显示对应文字信息>
            <ToggleButton
                android:id="@+id/tb_onoff"
                android:layout_width="wrap_content"
                android:layout_height="wrap_content"
                android:layout_alignParentRight="true"
                android:layout_centerVertical="true"
                android:layout_marginRight="10dp"
                android:checked="false"
                android:textOff="开启"
                android:textOn="关闭" />
        </RelativeLayout>
        <View
            android:layout_width="fill_parent"
            android:layout_height="1dp"
            android:background="#E3E3E3" />
    </LinearLayout>
</LinearLayout>
```

第四步：点击图 2.36 中用户头像或"点击登录"区域，跳转至教师登录界面。在 activity 包下创建 LoginActivity.java 文件并在 layout 文件夹下生成对应布局文件 activity_login.xml，该界面主要由编号密码输入框、登录按钮以及"忘记密码"文本组成，如图 2.37 所示。

图 2.37　教师登录界面设计

点击头像或"点击登录"区域跳转事件，代码如下所示：

```
ll_head.setOnClickListener(new View.OnClickListener() {
    @Override
    public void onClick(View v) {
        //判断是否已经登录
        if (!readLoginStatus()){
            //跳转到登录界面
            Intent intent=new Intent(TeacherActivity.this,LoginActivity.class);
            getActivity().startActivity(intent);
        }
        else {
            //跳转到个人信息界面
            Intent intent=new Intent(TeacherActivity.this,TeacherInfoActivity.class);
            getActivity().startActivityForResult(intent,1);
        }
    }
});
```

使用线性布局嵌套相对布局及编辑框控件进行教师登录界面设计，教师登录界面设计代码如下所示：

```xml
<?xml version="1.0" encoding="utf-8"?>
<LinearLayout
    xmlns:android=http://schemas.android.com/apk/res/android
    xmlns:tools=http://schemas.android.com/tools
    android:layout_width="match_parent"
    android:layout_height="match_parent"
    android:background="@drawable/bg1"
    tools:context="kitrobot.com.wechat_bottom_navigation.activity.LoginActivity">
    <LinearLayout
        android:layout_width="match_parent"
        android:layout_height="match_parent"
        android:gravity="top"
        android:orientation="vertical">
        <LinearLayout
            android:layout_width="match_parent"
            android:layout_height="200dp"
            android:layout_marginTop="50dp"
            android:gravity="center">
            <ImageView
                android:layout_width="wrap_content"
                android:layout_height="wrap_content"
                android:src="@drawable/login_head"/>
        </LinearLayout>
        <LinearLayout
            android:layout_width="match_parent"
            android:layout_height="wrap_content"
            android:layout_marginLeft="38dp"
            android:layout_marginRight="38dp"
            android:layout_marginTop="5dp"
            android:orientation="vertical">
            <EditText
                android:id="@+id/et_teacher_number"
                android:layout_width="match_parent"
                android:layout_height="40dp"
                android:layout_gravity="center_vertical"
                android:background="@null"
                android:digits="0123456789"
                android:gravity="center_vertical"
                android:hint="请输入教师编号"
```

```
            android:inputType="number"

            android:maxLength="11"

            android:maxLines="1"

            android:paddingLeft="5dp"

            android:textColor="@android:color/white"

            android:textColorHint="@android:color/white"

            android:textSize="18sp"

            />

        <View

            android:layout_width="match_parent"

            android:layout_height="1dp"

            android:layout_alignParentBottom="true"

            android:background="@color/horizontal_line" />

        <EditText

            android:id="@+id/et_teacher_password"

            android:layout_width="match_parent"

            android:layout_height="40dp"

            android:layout_marginTop="20dp"

            android:background="@null"

            android:gravity="center_vertical"

            android:hint="请输入密码"

            android:inputType="textPassword"

            android:maxLength="11"

            android:maxLines="1"

            android:paddingLeft="5dp"

            android:textColor="@android:color/white"

            android:textColorHint="@android:color/white"

            android:textSize="18sp" />

        <View

            android:layout_width="match_parent"

            android:layout_height="1dp"

            android:layout_alignParentBottom="true"

            android:background="@color/horizontal_line" />

    </LinearLayout>

    <RelativeLayout

        android:layout_width="match_parent"

        android:layout_height="wrap_content"

        android:layout_marginLeft="23dp"

        android:layout_marginRight="23dp"
```

```
            android:orientation="horizontal">
        <TextView
            android:id="@+id/tv_register"
            android:layout_width="wrap_content"
            android:layout_height="wrap_content"
            android:padding="15dp"
            android:text=""
            android:textColor="@color/greens" />
        <TextView
            android:id="@+id/tv_find_psw"
            android:layout_width="wrap_content"
            android:layout_height="wrap_content"
            android:layout_alignParentEnd="true"
            android:layout_alignParentRight="true"
            android:layout_alignParentTop="true"
            android:gravity="right"
            android:padding="15dp"
            android:text="忘记密码?"
            android:textColor="@color/greens" />
    </RelativeLayout>
    <Button
        android:id="@+id/btn_login"
        style="?android:attr/borderlessButtonStyle"
        android:layout_width="match_parent"
        android:layout_height="45dp"
        android:layout_gravity="center_horizontal"
        android:layout_marginLeft="30dp"
        android:layout_marginRight="30dp"
        android:layout_marginTop="20dp"
        android:background="@drawable/shape_green_content_normal"
        android:text="登录"
        android:textColor="@color/white"
        android:textSize="18dp" />
    </LinearLayout>
</LinearLayout>
```

　　第五步：点击个人信息并跳转到个人信息页面。在 activity 包下创建 TeacherInfoActivity.java 文件并对应在 layout 文件夹下生成对应布局文件 activity_user_info.xml，使用基本文本框与图片控件设计界面，如图 2.38 所示。

图 2.38　个人信息界面

个人信息界面代码如下所示:

```
<?xml version="1.0" encoding="utf-8"?>
<LinearLayout xmlns:android="http://schemas.android.com/apk/res/android"
    android:layout_width="match_parent"
    android:layout_height="match_parent"
    android:background="@drawable/t_background"
    android:orientation="vertical" >
    <include layout="@layout/main_title_bar" />
    <LinearLayout
        android:layout_width="match_parent"
        android:layout_height="150dp"
        android:gravity="center">
        <ImageView
            android:layout_width="120dp"
            android:layout_height="120dp"
            android:src="@drawable/hand"
            />
    </LinearLayout>
    <View
        android:layout_width="fill_parent"
        android:layout_height="1dp"
```

```
            android:background="#E4E4E4" />
<RelativeLayout
        android:id="@+id/rl_head"
        android:layout_width="fill_parent"
        android:layout_height="60dp"
        android:layout_marginLeft="15dp"
        android:layout_marginRight="15dp" >
        <TextView
            android:layout_width="wrap_content"
            android:layout_height="wrap_content"
            android:layout_centerVertical="true"
            android:text="姓        名"
            android:textColor="#ffffff"
            android:textSize="16sp"
            android:id="@+id/textView" />
        <TextView
            android:id="@+id/tv_teacher_name"
            android:layout_width="wrap_content"
            android:layout_height="wrap_content"
            android:text="赵旭"
            android:textColor="#fff"
            android:textSize="14sp"
            android:layout_alignTop="@+id/textView"
            android:layout_alignParentRight="true"
            android:layout_alignParentEnd="true" />
</RelativeLayout>
<View
        android:layout_width="fill_parent"
        android:layout_height="1dp"
        android:background="#E4E4E4" />
<RelativeLayout
        android:id="@+id/rl_nickName"
        android:layout_width="fill_parent"
        android:layout_height="60dp"
        android:layout_marginLeft="15dp"
        android:layout_marginRight="15dp">
        <TextView
            android:layout_width="wrap_content"
            android:layout_height="wrap_content"
```

```
                android:layout_centerVertical="true"
                android:text="授课专业"
                android:textColor="#fff"
                android:textSize="16sp" />
            <TextView
                android:id="@+id/tv_nick_name"
                android:layout_width="wrap_content"
                android:layout_height="wrap_content"
                android:layout_alignParentRight="true"
                android:layout_centerVertical="true"
                android:layout_marginRight="5dp"
                android:singleLine="true"
                android:text="Android 高级应用"
                android:textColor="#fff"
                android:textSize="14sp" />
        </RelativeLayout>
        <View
            android:layout_width="fill_parent"
            android:layout_height="1dp"
            android:background="#E4E4E4"
            />
        <View
            android:layout_width="fill_parent"
            android:layout_height="1dp"
            android:background="#E4E4E4"
            android:layout_marginTop="30dp"
            />
        <RelativeLayout
            android:id="@+id/rl_sex"
            android:layout_width="fill_parent"
            android:layout_height="60dp"
            android:layout_marginLeft="15dp"
            android:layout_marginRight="15dp">
            <TextView
                android:layout_width="wrap_content"
                android:layout_height="wrap_content"
                android:layout_centerVertical="true"
                android:text="邮          箱"
                android:textColor="#fff"
```

```
                android:textSize="16sp" />
            <TextView
                android:id="@+id/tv_teacher_email"
                android:layout_width="wrap_content"
                android:layout_height="wrap_content"
                android:layout_alignParentRight="true"
                android:layout_centerVertical="true"
                android:layout_marginRight="5dp"
                android:text="12345678@163.com"
                android:textColor="#fff"
                android:textSize="14sp" />
        </RelativeLayout>
        <View
            android:layout_width="fill_parent"
            android:layout_height="1dp"
            android:background="#E4E4E4" />
        <RelativeLayout
            android:id="@+id/rl_signature"
            android:layout_width="fill_parent"
            android:layout_height="60dp"
            android:layout_marginLeft="15dp"
            android:layout_marginRight="15dp" >
            <TextView
                android:layout_width="wrap_content"
                android:layout_height="wrap_content"
                android:layout_centerVertical="true"
                android:singleLine="true"
                android:text="联系方式"
                android:textColor="#fff"
                android:textSize="16sp" />
            <TextView
                android:id="@+id/tv_teacher_tel"
                android:layout_width="wrap_content"
                android:layout_height="wrap_content"
                android:layout_alignParentRight="true"
                android:layout_centerVertical="true"
                android:layout_marginRight="5dp"
                android:text="18920028612"
                android:textColor="#fff"
```

```
                android:textSize="14sp" />
        </RelativeLayout>
        <View
            android:layout_width="fill_parent"
            android:layout_height="1dp"
            android:background="#E4E4E4" />
        <RelativeLayout
            android:layout_width="fill_parent"
            android:layout_height="60dp"
            android:layout_marginLeft="15dp"
            android:layout_marginRight="15dp" >
            <TextView
                android:layout_width="wrap_content"
                android:layout_height="wrap_content"
                android:layout_centerVertical="true"
                android:singleLine="true"
                android:text="现居住地"
                android:textColor="#fff"
                android:textSize="16sp" />
            <TextView
                android:id="@+id/tv_teacher_address"
                android:layout_width="wrap_content"
                android:layout_height="wrap_content"
                android:layout_alignParentRight="true"
                android:layout_centerVertical="true"
                android:layout_marginRight="5dp"
                android:text="天津市河东区"
                android:textColor="#fff"
                android:textSize="14sp" />
        </RelativeLayout>
        <View
            android:layout_width="fill_parent"
            android:layout_height="1dp"
            android:background="#E4E4E4" />
    </LinearLayout>
```

第六步：点击系统设置并跳转至系统设置界面。在 activity 包下创建 SettingActivity.java 文件并对应在 layout 文件夹下生成对应布局文件 activity_setting.xml，使用基本文本框控件设计界面，如图 2.39 所示。

图 2.39　系统设置界面

系统设置界面代码如下所示:

```xml
<?xml version="1.0" encoding="utf-8"?>
<LinearLayout xmlns:android="http://schemas.android.com/apk/res/android"
    android:layout_width="match_parent"
    android:layout_height="match_parent"
    android:background="@drawable/bj2"
    android:orientation="vertical">
    <include layout="@layout/main_title_bar" />
    <View
        android:layout_width="fill_parent"
        android:layout_height="1dp"
        android:layout_marginTop="15dp"
        android:background="#E3E3E3"/>
    <RelativeLayout
        android:id="@+id/rl_modify_psw"
        android:layout_width="fill_parent"
        android:layout_height="50dp"
        android:background="#00000000"
        android:gravity="center_vertical"
        android:paddingLeft="10dp"
        android:paddingRight="10dp" >
        <TextView
            android:layout_width="wrap_content"
```

```
            android:layout_height="wrap_content"
            android:layout_centerVertical="true"
            android:layout_marginLeft="25dp"
            android:text="修改密码"
            android:textColor="#fff"
            android:textSize="16sp" />
        <ImageView
            android:layout_width="15dp"
            android:layout_height="15dp"
            android:layout_alignParentRight="true"
            android:layout_centerVertical="true"
            android:layout_marginRight="25dp"
            android:src="@drawable/iv_right_arrow" />
    </RelativeLayout>
    <View
        android:layout_width="fill_parent"
        android:layout_height="1dp"
        android:background="#E3E3E3" />
    <RelativeLayout
        android:id="@+id/rl_security_setting"
        android:layout_width="fill_parent"
        android:layout_height="50dp"
        android:background="#00000000"
        android:gravity="center_vertical"
        android:paddingLeft="10dp"
        android:paddingRight="10dp">
        <TextView
            android:layout_width="wrap_content"
            android:layout_height="wrap_content"
            android:layout_centerVertical="true"
            android:layout_marginLeft="25dp"
            android:text="设置密保"
            android:textColor="#fff"
            android:textSize="16sp" />
        <ImageView
            android:layout_width="15dp"
            android:layout_height="15dp"
            android:layout_alignParentRight="true"
            android:layout_centerVertical="true"
```

```
            android:layout_marginRight="25dp"
            android:src="@drawable/iv_right_arrow" />
    </RelativeLayout>
    <View
        android:layout_width="fill_parent"
        android:layout_height="1dp"
        android:background="#E3E3E3" />
    <View
        android:layout_width="fill_parent"
        android:layout_height="1dp"
        android:background="#E3E3E3" />
    <View
        android:layout_width="fill_parent"
        android:layout_height="1dp"
        android:layout_marginTop="15dp"
        android:background="#E3E3E3" />
    <RelativeLayout
        android:id="@+id/rl_exit_login"
        android:layout_width="fill_parent"
        android:layout_height="50dp"
        android:background="#00000000"
        android:gravity="center_vertical"
        android:paddingLeft="10dp"
        android:paddingRight="10dp">
        <TextView
            android:layout_width="wrap_content"
            android:layout_height="wrap_content"
            android:layout_centerVertical="true"
            android:layout_marginLeft="25dp"
            android:text="退出登录"
            android:textColor="#fff"
            android:textSize="16sp" />
    </RelativeLayout>
    <View
        android:layout_width="fill_parent"
        android:layout_height="1dp"
        android:background="#E3E3E3" />
</LinearLayout>
```

第七步：点击修改密码跳转至修改密码界面。在 activity 包下创建 ModifyPswActivity.java

文件并对应在 layout 文件夹下生成对应布局文件 activity_modify_psw.xml，使用输入框及按钮控件设计界面，如图 2.40 所示。

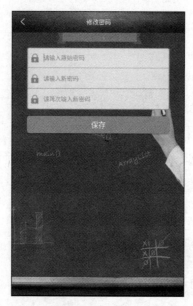

图 2.40　修改密码界面

修改密码界面代码如下所示：

```xml
<?xml version="1.0" encoding="utf-8"?>
<LinearLayout xmlns:android="http://schemas.android.com/apk/res/android"
    android:layout_width="match_parent"
    android:layout_height="match_parent"
    android:background="@drawable/bj2"
    android:orientation="vertical"
    >
    <include layout="@layout/main_title_bar" />
    <EditText
        android:id="@+id/et_original_psw"
        android:layout_width="fill_parent"
        android:layout_height="48dp"
        android:layout_gravity="center_horizontal"
        android:layout_marginLeft="35dp"
        android:layout_marginRight="35dp"
        android:layout_marginTop="35dp"
        android:background="@drawable/register_user_name_bg"
        android:drawableLeft="@drawable/psw_icon"
        android:drawablePadding="10dp"
        android:gravity="center_vertical"
```

```
            android:hint="请输入原始密码"
            android:inputType="textPassword"
            android:paddingLeft="8dp"
            android:textColor="#000000"
            android:textColorHint="#a3a3a3"
            android:textSize="14sp" />
    <EditText
            android:id="@+id/et_new_psw"
            android:layout_width="fill_parent"
            android:layout_height="48dp"
            android:layout_gravity="center_horizontal"
            android:layout_marginLeft="35dp"
            android:layout_marginRight="35dp"
            android:background="@drawable/register_psw_bg"
            android:drawableLeft="@drawable/psw_icon"
            android:drawablePadding="10dp"
            android:hint="请输入新密码"
            android:inputType="textPassword"
            android:paddingLeft="8dp"
            android:singleLine="true"
            android:textColor="#000000"
            android:textColorHint="#a3a3a3"
            android:textSize="14sp" />
    <EditText
            android:id="@+id/et_new_psw_again"
            android:layout_width="fill_parent"
            android:layout_height="48dp"
            android:layout_gravity="center_horizontal"
            android:layout_marginLeft="35dp"
            android:layout_marginRight="35dp"
            android:background="@drawable/register_psw_again_bg"
            android:drawableLeft="@drawable/psw_icon"
            android:drawablePadding="10dp"
            android:hint="请再次输入新密码"
            android:inputType="textPassword"
            android:paddingLeft="8dp"
            android:singleLine="true"
            android:textColor="#000000"
            android:textColorHint="#a3a3a3"
```

```
        android:textSize="14sp" />
    <Button
        android:id="@+id/btn_save"
        android:layout_width="fill_parent"
        android:layout_height="40dp"
        android:layout_gravity="center_horizontal"
        android:layout_marginLeft="35dp"
        android:layout_marginRight="35dp"
        android:layout_marginTop="15dp"
        android:background="@drawable/shape_green_content_normal"
        android:text="保存"
        android:textColor="@android:color/white"
        android:textSize="18sp" />
</LinearLayout>
```

第八步：点击设置密保跳转至设置密保界面。在 activity 包下创建 FindPswActivity.java 文件并对应在 layout 文件夹下生成对应布局文件 activity_find_psw.xml，使用输入框及按钮控件设计界面，如图 2.41 所示。

图 2.41　设置密保界面

设置密保界面代码如下所示：

```
<?xml version="1.0" encoding="utf-8"?>
<LinearLayout xmlns:android="http://schemas.android.com/apk/res/android"
    android:layout_width="match_parent"
    android:layout_height="match_parent"
```

```
android:background="@drawable/bj2"
android:orientation="vertical" >
<include layout="@layout/main_title_bar" />
<TextView
    android:layout_width="fill_parent"
    android:layout_height="wrap_content"
    android:layout_marginLeft="35dp"
    android:layout_marginRight="35dp"
    android:layout_marginTop="15dp"
    android:text="您的姓名是？"
    android:textColor="@android:color/white"
    android:textSize="18sp" />
<EditText
    android:id="@+id/et_validate_name"
    android:layout_width="fill_parent"
    android:layout_height="48dp"
    android:layout_marginLeft="35dp"
    android:layout_marginRight="35dp"
    android:layout_marginTop="10dp"
    android:background="@drawable/find_psw_icon"
    android:hint="请输入要验证的姓名"
    android:paddingLeft="8dp"
    android:singleLine="true"
    android:textColor="#000000"
    android:textColorHint="#a3a3a3" />
<TextView
    android:id="@+id/tv_reset_psw"
    android:layout_width="fill_parent"
    android:layout_height="wrap_content"
    android:layout_marginLeft="35dp"
    android:layout_marginRight="35dp"
    android:layout_marginTop="10dp"
    android:gravity="center_vertical"
    android:textColor="@android:color/white"
    android:textSize="15sp"
    android:visibility="gone" />
<Button
    android:id="@+id/btn_validate"
    android:layout_width="fill_parent"
```

```
            android:layout_height="40dp"

            android:layout_gravity="center_horizontal"

            android:layout_marginLeft="35dp"

            android:layout_marginRight="35dp"

            android:layout_marginTop="15dp"

            android:background="@drawable/shape_green_content_normal"

            android:text="验证"

            android:textColor="@android:color/white"

            android:textSize="18sp" />

    </LinearLayout>
```

【习题】

一、选择题

1. 在 XML 布局文件的视图控件中，layout_width 属性的属性值不可以是(　　)。

A. match_parent　　　　B. fill_parent　　　　C. wrap_content　　　　D. match_content

2. 在表格布局中，"android:collapse="1,2""的含义是(　　)。

A. 在屏幕中，当表格的列能显示完时，显示 1、2 列

B. 在屏幕中，当表格的列显示不完时，折叠

C. 在屏幕中，不管是否能显示完，折叠 1、2 列

D. 在屏幕中，动态决定是否显示表格

3. onPause 在(　　)调用。

A. 界面启动时

B. onCreate 方法被执行之后

C. 界面被隐藏时

D. 界面重新显示时

4. Intent 的作用是(　　)。

A. 一段长的生命周期，没有用户界面的程序，可以保持应用在后台运行，而不会因为切换页面而消失 service

B. 连接四大组件的纽带，可以实现界面间切换，可以包含动作和动作数据

C. 实现应用程序间的数据共享 contentprovider

D. 处理一个应用程序整体性的工作

5. Activity 在运行的时候大致会经过四个状态，下列(　　)不在这个状态中。

A. 活动状态　　　　B. 暂停状态　　　　C. 销毁状态　　　　D. 跳转状态

二、填空题

1. Android 系统提供了五种基本的布局方式，分别为＿＿＿＿＿＿、RelativeLayout、＿＿＿＿＿＿、FrameLayout、AbsoluteLayout。

2. 控制线性布局 horizontal(水平排列)、vertical (垂直排列)的属性是＿＿＿＿＿＿。

3. 在 TabLayout 中，＿＿＿＿＿＿属性必须配合 MODE_FIXED 使用，否则没有作用。

4. Intent 开启一个 Activity 的方法是_____。

5. Intent 跳转的两种方式分别是 _____和_____。

三、上机题

设计一个短信发送界面，并实现短信发送功能。

【任务总结】

❖　控件是 Android 的基础，合理的使用控件可以设计出简洁、美观的界面。

❖　Android 有五种基本布局：LinearLayout、RelativeLayout、TableLayout、FrameLayout 和 AbsoluteLayout。

❖　完整的 Activity 生命周期顺序为 onCreate()→onStart()→onResume()→onPause()→onStop()→onDestroy()。

工作任务二　教师信息模块功能开发

【问题导入】

多数高校教师通过传统的课程表方式获取上课信息，由于信息过多，教师不能高效、准确地获取信息,会出现无法按时上课等问题,那么教师怎样才能精准地获取上课信息呢？

【学习目标】

通过教师信息模块功能的实现，了解数据持久化操作，掌握用户密码加密技术的相关知识，学习 SharedPreferences(轻量级存储)读/写移动智能系统配置文件的操作方法，具备简单逻辑事件分析与处理的能力。

【任务描述】

为了提高教师课程信息以及学生签到的准确性，降低教师的工作量，开发人员设计开发了教师信息模块。在该模块中教师可以查看授课对象、个人信息、系统设置、签到开关等功能。授课对象用于显示该教师正在授课的专业、班级等信息，便于教师进行课前准备；而个人信息为该教师的基本信息；教师通过签到开关督促学生在规定时间内进行签到，严格控制学生签到情况。

【知识与技能】

技能点 1　用户密码加密技术(MD5 加密)

如今 MD5(Message-Digest Algorithm，消息摘要算法)加密技术因其安全可靠，已经广泛应用到各种领域。本任务在登录验证过程中也采用了 MD5 加密技术，提高了应用的安全性。

1. MD5 简介

MD5 是计算机广泛使用的杂凑算法之一,主流编程语言的加密方式普遍用 MD5 实现。杂凑算法的基础原理是将数据运算为另一固定长度值。MD5 是采用单向的加密算法，其前身有 MD2、MD3 和 MD4，拥有以下两个特性：

(1) 任意两段明文数据，加密以后的密文是不同的。

(2) 任意一段明文数据，经过加密以后，其结果必须是不变的。

2．MD5 算法

MD5 算法广泛应用于密码散列函数，可生成 128 位的散列值，主要用于保证信息传输完成。

3．Android MD5 加密算法

Android 平台支持 java.security.MessageDigest(MD5 加密)包，输入一个 String(需要加密的文本)，得到一个加密输出 String(加密后的文本)，代码如下所示：

```
/**
* 对外提供 getMD5(String)方法
* @author randyjia
* */
public class MD5 {
public static String getMD5(String val) throws NoSuchAlgorithmException{
    //初始化加密方式
        MessageDigest md5 = MessageDigest.getInstance("MD5");
        //调用加密方式
        md5.update(val.getBytes());
        //进行数组加密
        byte[] m = md5.digest();
        return getString(m);    }
    private static String getString(byte[] b){
        StringBuffer sb = new StringBuffer();
        for(int i = 0; i < b.length; i ++){
            sb.append(b[i]);
        }
        //返回加密后的字符串
        return sb.toString();
    }    }
```

4．MD5 应用

1) 文件校验

在某些软件下载站点的软件信息中可以看到其 MD5 值(如图 2.42 所示)，它的作用是在下载该软件后，对文件使用专用的软件(如 Windows MD5 Check 等)做一次 MD5 校验，以确保获得的文件与该站点提供的文件为同一文件。利用 MD5 算法来进行文件校验的方案被大量应用到软件下载站、论坛数据库、系统文件安全等方面。

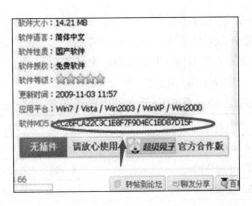

图 2.42 文件校验

2) 登录认证

MD5 广泛用于操作系统的登录认证。当用户登录时，系统将用户输入的密码进行 MD5 Hash 运算，再和保存在文件系统中的 MD5 值进行比较，进而确定输入的密码是否正确。

技能点 2 SharedPreferences 的使用

1. 简介

对于复杂的数据，需要使用数据库存储，但有时候应用程序有相对简单并且不需要复杂操作的数据(比如应用程序的各种配置信息等)，对于这种数据，Android 提供了 SharedPreferences 存储类进行保存。SharedPreferences 是 Android 平台上一个轻量级的存储类，是通过 Android 系统生成一个 XML 文件，数据以键值对的方式来存储，有以下几个特点：

(1) 保存应用的一些常用配置。在 Activity 生命周期中了解了当 Activity 执行 onPause() 方法时，最容易存储数据，一般将此 Activity 的状态保存到 SharedPreferences 中。当 Activity 重载的时候，系统回调方法 onSaveInstanceState()，从 SharedPreferences 中将值取出。

(2) SharedPreferences 提供了多种类型数据的保存接口，比如 long、int、String、char 类型接口。

(3) 可以全局共享访问。

2. 操作模式

SharedPreferences 常用来存储一些轻量级的数据,其本身是一个接口,需要通过 Content 提供的 getSharedPreferences(String name, int mode)方法获取 SharedPreferences 实例，name 为文件名，mode 为应用程序的访问模式。具体操作模式如表 2.12 所示。

表 2.12 SharedPreferences 操作模式

操作模式	说　　明	值
Context.MODE_PRIVATE	默认操作模式，只能被应用本身访问	0
Context.MODE_APPEND	该模式会检查文件是否存在，存在就往文件中追加内容，否则就创建新文件	32768
Context.MODE_WORLD_READABLE	表示当前文件可以被其他应用读取	1
Context.MODE_WORLD_WRITEABLE	表示当前文件可以被其他应用写入	2

SharedPreferences 存储类在读取配置文件数据时，使用 getxx(key，defValue)方法可获取配置文件中的数据。其中 key 代表 key-value 中的 key 值，defValue 代表如果配置文件中不存在此 key-value 键值配对时，则使用 defValue 来代表默认值，也可以是 boolean、float、int、long、String 等。常用的方法如表 2.13 所示。

表 2.13　获取配置文件中的数据常用方法

方法名称	含　义
boolean getBoolean (String key, boolean defValue)	获取一个 boolean 类型的值
float getFloat (String key, float defValue)	获取一个 float 类型的值
int getInt (String key, int defValue)	获取一个 int 类型的值
long getLong (String key, long defValue)	获取一个 long 类型的值
String getString (String key, String defValue)	获取一个 String 类型的值

SharedPreferences 接口本身没有提供写入数据的能力，而是通过调用 edit()方法来获取其对应的 Editor 对象。Editor 对象提供如表 2.14 所示的方法向 SharedPreferences 接口写入数据。

表 2.14　写入数据的方法

方法名称	含　义
SharedPreferences.Editor edit ()	获取用于修改 SharedPreferences 对象设定值的接口引用
SharedPreferences.Editor putBoolean (String key, boolean value)	存入指定 key 对应的 boolean 值
SharedPreferences.Editor putFloat(String key, float value)	存入指定 key 对应的 float 值
SharedPreferences.Editor putInt(String key, int value)	存入指定 key 对应的 int 值
SharedPreferences.Editor putLong(String key, long value)	存入指定 key 对应的 long 值
SharedPreferences.Editor putString(String key, String value)	存入指定 key 对应的 String 值
SharedPreferences.Editor commit()	提交存入的数据

3．使用方式

综上所述，使用 SharedPreferences 存取 key-value 值需要经过以下步骤。

第一步：新建 Android 项目，命名为 AndroidDemo_2.2.1。

第二步：通过 Context 上下文获取 SharedPreferences 实例对象 mSharedPreferences。

```
mSharedPreferences = context.getSharedPreferences(String name, int mode);
```

第三步：SharedPreferences 对象取值或 SharedPreferences 对象获取 Edit 对象存值。

```
String temp = mSharedPreferences.getString("账号","123");//获取账号
Editor mEditor = mSharedPreferences.edit();//获取存值的工具对象
```

第四步：通过 mEditor 对象存储 key-value 形式的配置数据。

```
mEditor.putString("账号",num);
```

第五步：通过 mEditor 的 commit()方法提交数据。

```
mEditor.commit();//提交修改
```

第六步：使用 SharedPreferences 存储数据，该程序提供了两个按钮(写入、读取)，用户在文本框中输入内容，点击"写入数据"按钮，程序将完成 SharedPreferences 写入。点

击"读取数据"按钮，弹出一个 Toast 对话框显示输入的数据，如图 2.43 所示。

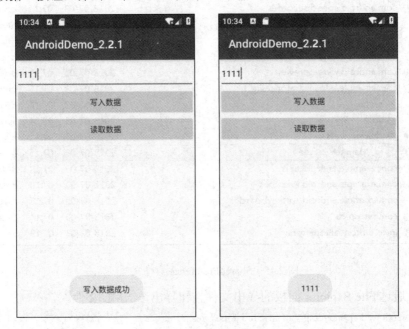

图 2.43　写入数据和读取数据

第七步：写入完成后，单击"Tools"→"Android"→"Android Device Monitor"打开 DDMS 的 File Explorer 面板，如图 2.44 所示。

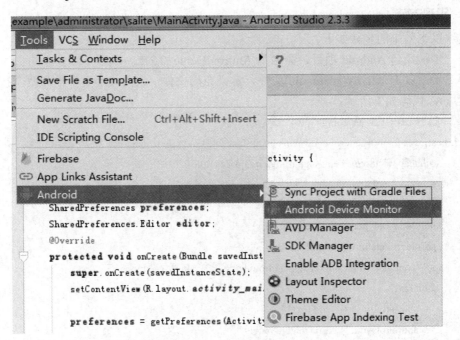

图 2.44　Android Device Monitor

打开 data 目录，在目录下找到如图 2.45 所示的 XML 文件。

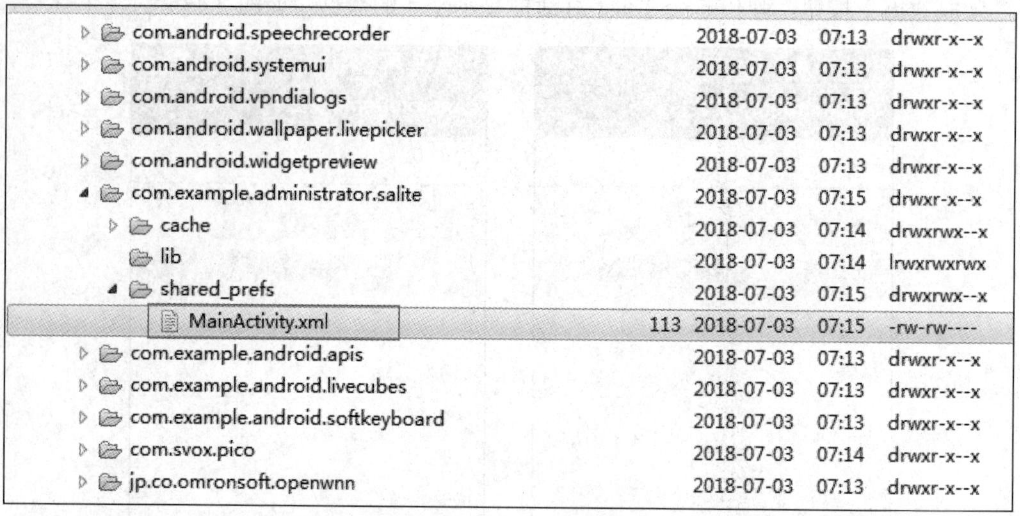

▷ 📁 com.android.speechrecorder	2018-07-03	07:13	drwxr-x--x
▷ 📁 com.android.systemui	2018-07-03	07:13	drwxr-x--x
▷ 📁 com.android.vpndialogs	2018-07-03	07:13	drwxr-x--x
▷ 📁 com.android.wallpaper.livepicker	2018-07-03	07:13	drwxr-x--x
▷ 📁 com.android.widgetpreview	2018-07-03	07:13	drwxr-x--x
◢ 📁 com.example.administrator.salite	2018-07-03	07:15	drwxr-x--x
▷ 📁 cache	2018-07-03	07:14	drwxrwx--x
📁 lib	2018-07-03	07:14	lrwxrwxrwx
◢ 📁 shared_prefs	2018-07-03	07:15	drwxrwx--x
📄 MainActivity.xml 113	2018-07-03	07:15	-rw-rw----
▷ 📁 com.example.android.apis	2018-07-03	07:13	drwxr-x--x
▷ 📁 com.example.android.livecubes	2018-07-03	07:13	drwxr-x--x
▷ 📁 com.example.android.softkeyboard	2018-07-03	07:13	drwxr-x--x
▷ 📁 com.svox.pico	2018-07-03	07:14	drwxr-x--x
▷ 📁 jp.co.omronsoft.openwnn	2018-07-03	07:13	drwxr-x--x

图 2.45   SharedPreference 存储文件

第八步：通过 File Explorer 面板的导出文件按钮导出该 XML 文件。

```
<?xml version='1.0' encoding='utf-8' standalone='yes' ?>
<map>
    <string name="keyValues">1111</string>
</map>
```

4．实现方法

实现以上效果的步骤如下。

第一步：新建 Android 项目，命名为 AndroidDemo_2.2.2。

第二步：双击 activity_main.xml 文件，定义布局文件，定义一个文本框和两个按钮(写入、读取)，代码如下所示。

```
<?xml version="1.0" encoding="utf-8"?>
<LinearLayout xmlns:android="http://schemas.android.com/apk/res/android"
    xmlns:app="http://schemas.android.com/apk/res-auto"
    xmlns:tools="http://schemas.android.com/tools"
    android:layout_width="match_parent"
    android:layout_height="match_parent"
    android:orientation="vertical"
    tools:context="com.example.app.androiddemo_221.MainActivity">
<EditText
    android:id="@+id/editText1"
    android:layout_width="match_parent"
    android:layout_height="50dp"
    android:textSize="15sp"
    android:ems="10" >
```

```xml
        </EditText>
        <Button
            android:id="@+id/button1"
            android:layout_width="match_parent"
            android:layout_height="wrap_content"
            android:text="写入数据" />
        <Button
            android:id="@+id/button2"
            android:layout_width="match_parent"
            android:layout_height="wrap_content"
            android:text="读取数据" />
    </LinearLayout>
```

第三步：双击 MainActivity.java 文件，定义 java 文件，获取 SharedPreferences 实例，通过 Edit 对象提供的方法写入数据，代码如下所示。

```java
public class MainActivity extends AppCompatActivity {
    static String KEY = "keyValues";
    private EditText edt;
    SharedPreferences preferences;
    SharedPreferences.Editor editor;
    @Override
    protected void onCreate(Bundle savedInstanceState) {
        super.onCreate(savedInstanceState);
        setContentView(R.layout.activity_main);
        preferences = getPreferences(Activity.MODE_PRIVATE);
        editor = preferences.edit();
        edt = (EditText) findViewById(R.id.editText1);
        findViewById(R.id.button1).setOnClickListener(new View.OnClickListener() {
            @Override
            public void onClick(View arg0) {
                // TODO Auto-generated method stub
                editor.putString(KEY, edt.getText().toString());
                if (editor.commit()) {
                    Toast.makeText(MainActivity.this,"写入数据成功",Toast.LENGTH_SHORT).show();
                }
            }
        });
        findViewById(R.id.button2).setOnClickListener(new View.OnClickListener() {
            @Override
            public void onClick(View arg0) {
```

```
            // TODO Auto-generated method stub
            String str = preferences.getString(KEY, "读取数据成功");
            Toast.makeText(MainActivity.this, str, Toast.LENGTH_SHORT).show();
        }
    });
    }
}
```

【任务实现】

本次任务主要实现教师信息模块功能开发,其中包括教师登录、设置密保及修改密码、网格数据显示等功能。

1. 教师登录功能

实现教师登录功能的流程如图 2.46 所示。

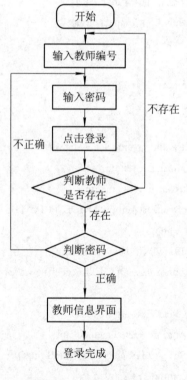

图 2.46　登录功能流程图

在教师登录功能开发过程中,充分利于技能点中所学的知识,实现界面效果,具体方法及步骤如下。

第一步:在编写功能时,首先添加 AnalysisUtils.java(全局保存登录信息)和 MD5Utils.java(MD5 加密算法文件)两个工具类(工具类直接提供),并将两个工具类添加至"utils"包下,如图 2.47 所示。

图 2.47 工具类项目结构图

第二步：在 ChooseLoginActivity.java 文件中实现用户类型选择功能并存储初始的教师用户信息功能，点击"我是教师"按钮则跳转至教师信息界面(TeacherActivity)，在 activity 包下创建 StudentActivity.java 文件并对应在 layout 文件夹下生成对应布局文件 activity_student.xml；单击"我是学生"按钮，则跳转至学生信息界面(StudentActivity)，实现效果如图 2.48 所示。

图 2.48 用户类型选择界面

用户类型选择功能代码如下所示：

```
public class ChooseLoginActivity extends AppCompatActivity implements View.OnClickListener{
//初始化控件（"我是教师"，"我是学生"）
private Button btn_teacher,btn_student;
@Override
//初始化界面信息
protected void onCreate(Bundle savedInstanceState) {
    super.onCreate(savedInstanceState);
    setContentView(R.layout.activity_choose_login);
    initview();
    //存储初始的教师用户信息
    saveRegisterInfo("2016104231","123456");
    saveRegisterInfo("2016104232","123456");
}
//将教师用户信息保存至 SharedPreference 中
private void saveRegisterInfo(String userName,String psw){
    //将密码进行 MD5 加密
    String md5Psw= MD5Utils.md5(psw);
    //将信息存储至 loginInfo.xml 文件中，并设置只在本应用中访问
    SharedPreferences sp=getSharedPreferences("loginInfo", MODE_PRIVATE);
    //定义存储接口
    SharedPreferences.Editor editor=sp.edit();
    //以 key-value 的方式保存信息
    editor.putString(userName, md5Psw);
    //保存完成并提交
    editor.commit();
}
//声明控件在布局中的位置
private void initview() {
    btn_teacher = (Button) findViewById(R.id.btn_teacher);
    btn_teacher.setOnClickListener(this);
    btn_student = (Button) findViewById(R.id.btn_student);
    btn_student.setOnClickListener(this);
}
protected long exitTime;    //记录第一次点击时的时间
@Override
    //监听手机屏幕上的按键
    //实现的基本原理是：当按下 BACK 键时，会被 onKeyDown 捕获
    //判断是 BACK 键，则执行 exit 方法
```

```
        //判断用户两次按键的时间差是否在一个预期值之内
        //如果是则直接退出，不是则提示用户再按一次后退出
    /*
    *@ param keyCode：手机按键码
    *@ param event：按键事件
    */
    public boolean onKeyDown(int keyCode, KeyEvent event) {
        //判断是否点击了返回按钮(返回 true 或 false)
        if (keyCode == KeyEvent.KEYCODE_BACK
                && event.getAction() == KeyEvent.ACTION_DOWN) {
            //判断点击返回按钮的时间(大于两秒则结束当前界面，否则记录时间)
            if ((System.currentTimeMillis() - exitTime) > 2000) {
                Toast.makeText(ChooseLoginActivity.this, "再按一次退出程序",
                        Toast.LENGTH_SHORT).show();
                //第二次点击返回按钮的时间
                exitTime = System.currentTimeMillis();
            } else {
                ChooseLoginActivity.this.finish();
                if (readLoginStatus()) {
                    //如果退出此应用时是登录状态，则需要清除登录状态
                    //同时需清除登录时的用户名
                    clearLoginStatus();
                }
                //执行 exit()方法
                System.exit(0);
            }
            return true;
        }
        return super.onKeyDown(keyCode, event);
    }
    //读取登录信息
    private boolean readLoginStatus() {
        SharedPreferences sp = getSharedPreferences("loginInfo",
                Context.MODE_PRIVATE);
        boolean isLogin = sp.getBoolean("isLogin", false);
        return isLogin;
    }
    //清除登录信息
    private void clearLoginStatus() {
```

```
        SharedPreferences sp = getSharedPreferences("loginInfo",
                Context.MODE_PRIVATE);
        SharedPreferences.Editor editor = sp.edit();
        editor.putBoolean("isLogin", false);
        editor.putString("loginUserName", "");
        editor.commit();
    }
    @Override
    //按钮点击事件
    public void onClick(View v) {
        switch (v.getId()){
            case R.id.btn_teacher:
            //跳转至教师信息界面
            startActivity(new Intent(ChooseLoginActivity.this,TeacherActivity.class));
                break;
            case R.id.btn_student:
            //跳转至学生信息界面
            startActivity(new Intent(ChooseLoginActivity.this,StudentActivity.class));
                break;
        }
    }
}
```

　　第三步：进入教师信息模块后将显示如图 2.49 所示界面(TeacherActivity)，此时界面中没有任何信息。首先进行教师登录，则在 LoginActivity.java 文件中通过教师编号和密码进行验证登录，如图 2.50 所示。

图 2.49　教师信息界面　　　　　　　　　　图 2.50　教师登录界面

登录功能开发代码如下所示：

```java
public class LoginActivity extends AppCompatActivity {
    //初始化控件
    private TextView tv_find_psw;
    private Button btn_login;
    private String teacherNumber,teacherPassword,spPassword;
    private EditText et_teacher_number,et_teacher_password;
    @Override
    protected void onCreate(Bundle savedInstanceState) {
        super.onCreate(savedInstanceState);
        setContentView(R.layout.activity_login);
        initview();
    }
private void initview() {
    btn_login=(Button) findViewById(R.id.btn_login);
    //登录按钮的点击事件
    btn_login.setOnClickListener(new View.OnClickListener() {
        @Override
        public void onClick(View v) {
            teacherNumber=et_teacher_number.getText().toString().trim();
            teacherPassword=et_teacher_password.getText().toString().trim();
            //将密码进行 MD5 加密
            String md5Psw= MD5Utils.md5(teacherPassword);
            spPassword=readPsw(teacherNumber);
            //首先判断是否存在该教师
            if (isExistUserName(teacherNumber)){
            //判断输入框是否为空
            if(TextUtils.isEmpty(teacherNumber)){
                Toast.makeText(LoginActivity.this, "请输入教师编号",
                Toast.LENGTH_SHORT).show();
                return;
            }else if(TextUtils.isEmpty(teacherPassword)){
                Toast.makeText(LoginActivity.this, "请输入密码",
                Toast.LENGTH_SHORT).show();
                return;
                //判断输入密码与存入的密码是否一致
            }else if(md5Psw.equals(spPassword)){
                Toast.makeText(LoginActivity.this, "登录成功",
                Toast.LENGTH_SHORT).show();
```

```
                //保存登录状态
                saveLoginStatus(true, teacherNumber);
                Intent data=new Intent();
                data.putExtra("isLogin",true);
                //将登录成功的信息传入主界面
                setResult(RESULT_OK,data);
                startActivity(new Intent(LoginActivity.this,TeacherActivity.class));
                LoginActivity.this.finish();
                return;
            }else if((spPassword!=null&&!TextUtils.isEmpty(spPassword)
            &&!md5Psw.equals(spPassword))){
                Toast.makeText(LoginActivity.this, "输入的教师号和密码不一致",
                Toast.LENGTH_SHORT).show();
                return;
            }
        }
        else{
            Toast.makeText(LoginActivity.this, "此教师不存在",
            Toast.LENGTH_SHORT).show();
        }
    }
});
/**
 *从 SharedPreferences 中根据用户名读取密码
 */
private String readPsw(String userName){
    SharedPreferences sp=getSharedPreferences("loginInfo", MODE_PRIVATE);
    return sp.getString(userName, "");
}
/**
 *保存登录状态和登录用户名到 SharedPreferences 中
 */
private void saveLoginStatus(boolean status,String userName){
    //loginInfo 表示文件名
    SharedPreferences sp=getSharedPreferences("loginInfo", MODE_PRIVATE);
    SharedPreferences.Editor editor=sp.edit();
    editor.putBoolean("isLogin", status);              //存入 boolean 类型的登录状态
    editor.putString("loginUserName", userName);   //存入登录状态时的用户名
    editor.commit();                                   //提交修改
```

```
        }
        //判断 SharedPreferences 中是否存在此用户名
        private boolean isExistUserName(String userName) {
            boolean has_userName=false;
            SharedPreferences sp=getSharedPreferences("loginInfo", MODE_PRIVATE);
            String spPsw=sp.getString(userName, "");
            if(!TextUtils.isEmpty(spPsw)) {
                has_userName=true;
            }
            return has_userName;
        }
        @Override
        protected void onRestart() {
            super.onRestart();
        }
    }
```

第四步：登录成功后则返回到教师信息界面(TeacherActivity)，此时在 TeacherActivity.java 文件中实现显示已登录教师课程信息，并且可以查看个人信息、系统设置和签到选择开关等，如图 2.51 所示。

图 2.51 教师信息

登录成功后显示信息代码如下所示：

```
public class TeacherActivity extends AppCompatActivity {
```

```java
//初始化控件
private RelativeLayout title_bar;
private TextView tv_back,tv_main_title,tv_user_name,tv_teacher_profession,
tv_teacher_classname,tv_teacher_numb;
private LinearLayout ll_head;
private RelativeLayout rl_setting,rl_schedule,rl_information;
private String teacherName,profession,className,classNumber;
private ToggleButton tb_onoff;
private int a;
@Override
protected void onCreate(Bundle savedInstanceState) {
    super.onCreate(savedInstanceState);
    setContentView(R.layout.activity_teacher);
    initview();
}
private void initview() {
    //从布局中查找控件
    //授课班级显示框
    tv_teacher_profession = (TextView) findViewById(
        R.id.tv_teacher_profession);
    //授课教室显示框
    tv_teacher_classname = (TextView)findViewById
        (R.id.tv_teacher_classname);
    //授课人数显示框
    tv_teacher_numb = (TextView) findViewById(R.id.tv_teacher_numb);
    //顶部标题栏
    title_bar=(RelativeLayout) findViewById(R.id.title_bar);
    //标题栏名称框
    tv_main_title=(TextView)findViewById(R.id.tv_main_title);
    //设置标题栏名称
    tv_main_title.setText("教师信息");
    //返回按钮，如果需要则显示返回隐藏
    tv_back=(TextView)findViewById(R.id.tv_back);
    tv_back.setVisibility(View.GONE);
    // "教师头像" 布局按钮
    ll_head=(LinearLayout)findViewById(R.id.ll_head);
    // "系统设置" 布局按钮
    rl_setting = (RelativeLayout) findViewById(R.id.rl_setting);
    // "教师信息" 布局按钮
```

```
rl_information = (RelativeLayout) findViewById(R.id.rl_information);
rl_information.setOnClickListener(new View.OnClickListener() {
    @Override
    public void onClick(View v) {
        //读取登录信息，如果登录成功跳转至教师信息详情界面
        //否则提示用户"您还未登录，请先登录"
        if (readLoginStatus()) {
            startActivity(new Intent(TeacherActivity.this, TeacherInfoActivity.class));
        }else {
            Toast.makeText(MineActivity.this, "您还未登录，请先登录",
                            Toast.LENGTH_SHORT).show();
        }}});
title_bar=(RelativeLayout) mView.findViewById(R.id.title_bar);
tv_user_name=(TextView)mView.findViewById(R.id.tv_user_name);
setLoginParams(readLoginStatus());    //界面登录时的控件状态
//点击头像进行登录，如果未登录则显示"点击登录"，如果已登录则显示教师姓名
//点击时可跳转至教师详情界面
ll_head.setOnClickListener(new View.OnClickListener() {
    @Override
    public void onClick(View v) {
        //判断是否已经登录
        if (!readLoginStatus()){
            //跳转到教师登录界面
            Intent intent=new Intent(TeacherActivity.this,LoginActivity.class);
            getActivity().startActivity(intent);
        }
        else {
            //跳转到教师详情界面
            Intent intent=new Intent(TeacherActivity.this, TeacherInfoActivity.class);
            TeacherActivity.this.startActivityForResult(intent,1);
        }
    }
});
//系统设置布局按钮点击事件
rl_setting.setOnClickListener(new View.OnClickListener() {
    @Override
    public void onClick(View v) {
        if(readLoginStatus()){
            //跳转到系统设置
```

```
            Intent intent=new Intent(TeacherActivity.this,SettingActivity.class);
                TeacherActivity.this.startActivityForResult(intent,1);
            }else{
                Toast.makeText(MineActivity.this, "您还未登录，请先登录",
                Toast.LENGTH_SHORT).show();
            }
        }
    });
//这里是教师签到开关按钮
tb_onoff = (ToggleButton)findViewById(R.id.tb_onoff);
compareTime();
//判断是否登录成功，如果登录成功则显示返回隐藏按钮
if (readLoginStatus()){
    tb_onoff.setVisibility(View.VISIBLE);
}else {
    tb_onoff.setVisibility(View.GONE);
}
//判断当前按钮状态
if (readIscheckedStatus()){
    tb_onoff.setChecked(true);
}else {
    tb_onoff.setChecked(false);
}
//点击按钮的时间监听
tb_onoff.setOnCheckedChangeListener(new CompoundButton.OnCheckedChangeListener() {
    @Override
    public void onCheckedChanged(CompoundButton buttonView, boolean isChecked) {
    //点击按钮并保存状态
    if (isChecked){
        saveIschaeckedStatus(true);
    }else {
        saveIschaeckedStatus(false);
    } }});}
private void setLoginParams(boolean isLogin) {
    if(isLogin){
        //此处为数据库读取上课信息
        //操作方式详见学习情境三中工作任务二
        //初始化数据库
        SQLiteHelper sqLiteHelper = new SQLiteHelper(TeacherActivity.this);
```

```
        //调用数据库方法查询教师上课信息
        //AnalysisUtils.readLoginUserName(Context)调用异步方法获取登录用户名
        Cursor c = sqLiteHelper.doTeacherQueys(
        AnalysisUtils.readLoginUserName(TeacherActivity.this));
        //循环游标查询信息
        while (c.moveToNext()){
            //得到信息数据
            teacherName = c.getString(1);
            profession= c.getString(2);
            className = c.getString(3);
            classNumber = c.getString(4);
        }
        //界面显示数据
        tv_user_name.setText(teacherName);
        tv_teacher_profession.setText(profession);
        tv_teacher_classname.setText(className);
        tv_teacher_numb.setText(classNumber);
        //关闭数据库方法
        c.close();
        //关闭数据库
        sqLiteHelper.close();
    }else{
        tv_user_name.setText("点击登录");
    }
}
//判断教师是否登录
private boolean readLoginStatus() {
    SharedPreferences sp=getSharedPreferences("loginInfo",
Context.MODE_PRIVATE);
    boolean isLogin=sp.getBoolean("isLogin", false);
    return isLogin;
}
//从 SharedPreferences 中获取当前按钮状态
private boolean readIscheckedStatus() {
    SharedPreferences sp=getSharedPreferences("State", MODE_PRIVATE);
    boolean isChecked=sp.getBoolean("ischecked", false);
    return isChecked;
}
//将当前按钮状态保存到 SharedPreferences 中
```

```
private void saveIschaeckedStatus(boolean status){
    SharedPreferences sp = getSharedPreferences("State", MODE_PRIVATE);
    SharedPreferences.Editor editor=sp.edit();
    editor.putBoolean("ischecked", status);
    editor.commit();
    }
    }
```

第五步：点击个人信息条目，进入个人信息界面(TeacherInfoActivity)，教师相关信息显示效果如图 2.52 所示。

图 2.52　个人信息

说明：个人信息界面显示信息时需进行大量数据库操作，在学习情境二任务二的任务实现中已进行了展现，此处不将代码贴出。

2. 设置密保及修改密码

设置密保及修改密码的步骤如下。

第一步：点击系统设置条目，进入设置界面，如图 2.53 所示。为防止密码忘记，在登录成功后用户需进行密保设置，此时在 FindPswActivity.java 文件上进行功能编写。设置密保与找回密码界面相似，如果从登录界面点击"忘记密码"按钮，则此功能为找回密码功能；如果在系统设置界面点击"设置密保"按钮，则此时的功能为设置密保。

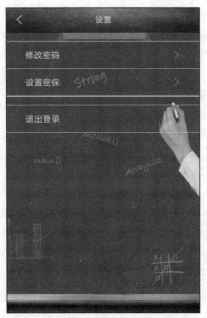

图 2.53　设置界面

设置密保具体代码如下所示：

```java
public class FindPswActivity extends AppCompatActivity {
//初始化控件
private EditText et_validate_name,et_user_name;
private Button btn_validate;
private TextView tv_main_title;
private TextView tv_back;
private String from;
private TextView tv_reset_psw,tv_user_name;
@Override
protected void onCreate(Bundle savedInstanceState) {
    super.onCreate(savedInstanceState);
    setContentView(R.layout.activity_find_psw);
    setRequestedOrientation(ActivityInfo.SCREEN_ORIENTATION_PORTRAIT);
    //获取从登录界面和设置界面传递的数据
    from=getIntent().getStringExtra("from");
    initview();      }
private void initview() {
    //获取控件
    tv_main_title=(TextView) findViewById(R.id.tv_main_title);
    tv_back=(TextView) findViewById(R.id.tv_back);
    et_validate_name=(EditText) findViewById(R.id.et_validate_name);
    btn_validate=(Button) findViewById(R.id.btn_validate);
    tv_reset_psw=(TextView) findViewById(R.id.tv_reset_psw);
```

```
        et_user_name=(EditText) findViewById(R.id.et_user_name);
        tv_user_name=(TextView) findViewById(R.id.tv_user_name);
        //如果接收到的传递值为"security"，则标题栏为"设置密保"
        //否则为"找回密码"
        if("security".equals(from)){
            tv_main_title.setText("设置密保");
        }else{
            tv_main_title.setText("找回密码");
            tv_user_name.setVisibility(View.VISIBLE);
            et_user_name.setVisibility(View.VISIBLE);
        }
        tv_back.setOnClickListener(new View.OnClickListener() {
            @Override
            public void onClick(View v) {
                FindPswActivity.this.finish();
            }   });
        btn_validate.setOnClickListener(new View.OnClickListener() {
            @Override
            public void onClick(View v) {
                String validateName=et_validate_name.getText().toString().trim();
                //判断当前界面为设置密保还是找回密码
                //此处为设置密保
                if("security".equals(from))
                //设置密保
                if(TextUtils.isEmpty(validateName)){
            Toast.makeText(FindPswActivity.this, "请输入姓名",
            Toast.LENGTH_SHORT).show();
                    return;
                }else{
            Toast.makeText(FindPswActivity.this, "密保设置成功",
            Toast.LENGTH_SHORT).show();
                //保存密保到 SharedPreferences
                saveSecurity(validateName);
                FindPswActivity.this.finish();
                }});    }
//保存密码对应的密保
private void saveSecurity(String validateName) {
    SharedPreferences sp=getSharedPreferences("loginInfo", MODE_PRIVATE);
    SharedPreferences.Editor editor=sp.edit();
    editor.putString(AnalysisUtils.readLoginUserName(this)+"_security", validateName);
```

```
        editor.commit();
    }
}
```

通过完成上述代码，实现设置密保界面效果如图 2.54 所示。

图 2.54　设置密保界面效果图

当密保设置成功后，在忘记密码的情况下可在登录界面进行密码找回，找回密码流程如图 2.55 所示。

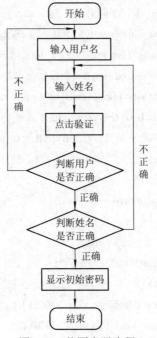

图 2.55　找回密码流程

当通过密保找回密码时，直接在设置密保的基础上添加找回密码的逻辑部分即可。输入教师编号以及姓名后，单击"验证"按钮，如果验证成功了，密保信息会将此用户的密码设置为初始密码"123456"，代码中有明确标记，找回密码代码如下所示：

```java
public class FindPswActivity extends AppCompatActivity {
//初始化控件
    private EditText et_validate_name,et_user_name;
    private Button btn_validate;
    private TextView tv_main_title;
    private TextView tv_back;
    private String from;
    private TextView tv_reset_psw,tv_user_name;
    @Override
    protected void onCreate(Bundle savedInstanceState) {
        super.onCreate(savedInstanceState);
        setContentView(R.layout.activity_find_psw);
        setRequestedOrientation(ActivityInfo.SCREEN_ORIENTATION_PORTRAIT);
        //获取从登录界面和设置界面传递过来的数据
        from=getIntent().getStringExtra("from");
        initview();
    }
    private void initview() {
    //获取控件
        tv_main_title=(TextView) findViewById(R.id.tv_main_title);
        tv_back=(TextView) findViewById(R.id.tv_back);
        et_validate_name=(EditText) findViewById(R.id.et_validate_name);
        btn_validate=(Button) findViewById(R.id.btn_validate);
        tv_reset_psw=(TextView) findViewById(R.id.tv_reset_psw);
        et_user_name=(EditText) findViewById(R.id.et_user_name);
        tv_user_name=(TextView) findViewById(R.id.tv_user_name);
        //如果接收到的传递值为"security"，则标题栏为"设置密保"
        //否则为"找回密码"
        if("security".equals(from)){
            tv_main_title.setText("设置密保");
        }else{
            tv_main_title.setText("找回密码");
            //若为找回密码界面，则需要将其他无用的控件隐藏
            tv_user_name.setVisibility(View.VISIBLE);
            et_user_name.setVisibility(View.VISIBLE);
        }
```

```
            }
            tv_back.setOnClickListener(new View.OnClickListener() {
                @Override
                public void onClick(View v) {
                    FindPswActivity.this.finish();
                }          });
            btn_validate.setOnClickListener(new View.OnClickListener() {
                @Override
                public void onClick(View v) {
                    String validateName=et_validate_name.getText().toString().trim();
                    if("security".equals(from)){
                        //通过密保找回密码
                        String userName=et_user_name.getText().toString().trim();
                        String sp_security=readSecurity(userName);
                        if(TextUtils.isEmpty(userName)){
                            Toast.makeText(FindPswActivity.this,
                            "请输入您的用户名", Toast.LENGTH_SHORT).show();
                            return;
                        }else if(!isExistUserName(userName)){
                            Toast.makeText(FindPswActivity.this,
                            "您输入的用户名不存在", Toast.LENGTH_SHORT).show();
                            return;
                        }else if(TextUtils.isEmpty(validateName)){
                            Toast.makeText(FindPswActivity.this,
                            "请输入要验证的姓名", Toast.LENGTH_SHORT).show();
                            return;
                        }if(!validateName.equals(sp_security)){
                            Toast.makeText(FindPswActivity.this,
                            "输入的密保不正确", Toast.LENGTH_SHORT).show();
                            return;
                        }else{
                        //输入的密保正确，重新给用户设置一个密码
                        tv_reset_psw.setVisibility(View.VISIBLE);
                        tv_reset_psw.setText("初始密码：123456");
                        savePsw(userName);}} }});}
//保存设置的新密码
private void savePsw(String userName) {
    //设置初始化密码为“123456”
    String md5Psw= MD5Utils.md5("123456");
```

```
        SharedPreferences sp=getSharedPreferences("loginInfo", MODE_PRIVATE);
        SharedPreferences.Editor editor=sp.edit();
        editor.putString(userName, md5Psw);
        editor.commit();
    }
    //获取登录的用户名
    private boolean isExistUserName(String userName) {
        boolean hasUserName=false;
        SharedPreferences sp=getSharedPreferences("loginInfo", MODE_PRIVATE);
        String spPsw=sp.getString(userName, "");
        if(!TextUtils.isEmpty(spPsw)) {
            hasUserName=true;
        }
        return hasUserName;
    }
    //读密保
    private String readSecurity(String userName) {
        SharedPreferences    sp=getSharedPreferences("loginInfo",
        Context.MODE_PRIVATE);
        String security=sp.getString(userName+"_security", "");
        return security;
    } }
```

通过完成上述代码，实现找回密码界面效果如图 2.56 所示。

图 2.56　找回密码界面效果图

第二步：修改密码时需要对密码进行多次验证，修改密码的流程如图 2.57 所示。

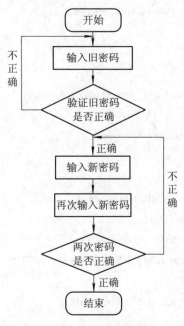

图 2.57　修改密码流程图

当密保验证成功之后，密码则为初始值"123456"，得到初始密码后需要重新修改密码，此时在 ModifyPswActivity.java 文件中实现密码修改功能。修改密码需要输入一次原始密码及两次新密码，当原始密码和两次新密码都输入正确时，修改密码成功，如图 2.58 所示。点击"保存"按钮，跳转至教师信息界面。

图 2.58　修改密码界面

修改密码代码如下所示：

```
public class ModifyPswActivity extends AppCompatActivity {
//初始化控件
private TextView tv_main_title;
private TextView tv_back;
private EditText et_original_psw,et_new_psw,et_new_psw_again;
private Button btn_save;
private String originalPsw,newPsw,newPswAgain;
private String userName;
@Override
protected void onCreate(Bundle savedInstanceState) {
    super.onCreate(savedInstanceState);
    setContentView(R.layout.activity_modify_psw);
    setRequestedOrientation(ActivityInfo.SCREEN_ORIENTATION_PORTRAIT);
    initview();
    userName= AnalysisUtils.readLoginUserName(this);
}
private void initview() {
    //通过 ID 获取控件
    tv_main_title=(TextView) findViewById(R.id.tv_main_title);
    tv_main_title.setText("修改密码");
    tv_back=(TextView) findViewById(R.id.tv_back);
    et_original_psw=(EditText) findViewById(R.id.et_original_psw);
    et_new_psw=(EditText) findViewById(R.id.et_new_psw);
    et_new_psw_again=(EditText) findViewById(R.id.et_new_psw_again);
    btn_save=(Button) findViewById(R.id.btn_save);
    tv_back.setOnClickListener(new View.OnClickListener() {
        @Override
        public void onClick(View v) {
            ModifyPswActivity.this.finish();
        }        });
    btn_save.setOnClickListener(new View.OnClickListener() {
        @Override
        public void onClick(View v) {
            getEditString();    //读取书写框的文字
            if (TextUtils.isEmpty(originalPsw)) {
                Toast.makeText(ModifyPswActivity.this,
"请输入原始密码", Toast.LENGTH_SHORT).show();
                return;
```

```
            } else if (!MD5Utils.md5(originalPsw).equals(readPsw())) {
                Toast.makeText(ModifyPswActivity.this,
"输入的密码与原始密码不一致", Toast.LENGTH_SHORT).show();
                return;
            } else if(MD5Utils.md5(newPsw).equals(readPsw())){
                Toast.makeText(ModifyPswActivity.this,
"输入的新密码与原始密码不一致", Toast.LENGTH_SHORT).show();
                return;
            } else if (TextUtils.isEmpty(newPsw)) {
                Toast.makeText(ModifyPswActivity.this,
"请输入新密码", Toast.LENGTH_SHORT).show();
                return;
            } else if (TextUtils.isEmpty(newPswAgain)) {
                Toast.makeText(ModifyPswActivity.this,
"请再次输入新密码", Toast.LENGTH_SHORT).show();
                return;
            } else if (!newPsw.equals(newPswAgain)) {
                Toast.makeText(ModifyPswActivity.this,
"两次输入的新密码不一致", Toast.LENGTH_SHORT).show();
                return;
            } else {
                Toast.makeText(ModifyPswActivity.this,
"新密码设置成功", Toast.LENGTH_SHORT).show();
                //修改登录成功时保存在 SharedPreferences 中的密码
                modifyPsw(newPsw);
//修改成功后跳转至登录界面
Intent intent = new Intent(ModifyPswActivity.this, LoginActivity.class);
                startActivity(intent);
                SettingActivity.instance.finish();
                ModifyPswActivity.this.finish();
            }               });      }
//登录成功后保存密码
private void modifyPsw(String newPsw) {
    String md5Psw= MD5Utils.md5(newPsw);    //MD5 加密
    SharedPreferences sp=getSharedPreferences("loginInfo", MODE_PRIVATE);
    SharedPreferences.Editor editor=sp.edit();
    editor.putString(userName, md5Psw);
    editor.commit(); }
//读取密码
```

```
private String readPsw() {
    SharedPreferences sp=getSharedPreferences("loginInfo", MODE_PRIVATE);
    String spPsw=sp.getString(userName, "");
    return spPsw;}
//读取书写框中的内容
private void getEditString(){
    originalPsw=et_original_psw.getText().toString().trim();
    newPsw=et_new_psw.getText().toString().trim();
    newPswAgain=et_new_psw_again.getText().toString().trim();
}   }
```

【习题】

一、选择题

1. 关于 MD5 叙述正确的选项是(　　　)。

A. MD5 的前身有 MD2 和 MD4

B. MD5 以 514 位分组来处理输入的信息，且每一分组又被划分为 32 个 16 位子分组

C. MD5 的特性之一是：任意一段明文数据，加密以后的密文不能是相同的

D. MD5 的特性之一是：任意一段明文数据，经过加密以后，其结果必须是不变的

2. 下列(　　　)是 Android 开发不需要的。

A. SDK   B. ADT   C. MyEclipse   D. JDK

3. Android 数据轻量级存储与访问的方式有(　　　)。

A. SharedPreference   B. 数据库   C. 文件   D. 内容提供者

4. SharedPreference 存储时，最后将文件存储为(　　　)格式。

A. .java   B. .class   C. .xml   D. .db

5. 下列获取 SharedPreference 中数据的方法是(　　　)。

A. getText()   B. getEditString()

C. getSharedPreferences()   D. getActivity()

二、填空题

1. MD5 以_____位分组来处理输入的信息，且每一分组又被划分为_____个_____位子分组。

2. MD5 是采用_____加密的加密算法，对于 MD5 而言，有两个特性是很重要的。

3. SharedPreferences 常用来存储一些_____的数据，其本身是一个接口，需要通过 Content 提供的_____方法获取 SharedPreferences 实例。

4. SharedPreference 在操作时有_____操作模式，最常用的一种为_____。

5. SharedPreferences 接口本身没有提供写入数据的能力，而是通过调用_____方法来获取其对应的 Editor 对象。

三、上机题

1. 编写代码实现登录功能。

2. 编写代码实现找回密码功能。

【任务总结】

✧　MD5 经常被应用于文件校验和登录验证等。

✧　复杂的数据通过数据库存储，而简单且不需要复杂操作的数据可通过 SharedPreferences 进行存储。

✧　SharedPreferences 本身是一个接口，需要通过 Content 提供的 getSharedPreferences() 方法获取 SharedPreferences 实例。

学习情境三　学生签到模块开发

工作任务一　学生签到界面开发

【问题导入】

现如今，校园类型的 APP 已成为在校大学生生活中必不可少的一部分。各类 APP 不仅在功能上有很大改进，在登录验证的方式上也有着许多变化。常见的 APP 依旧保持着原始登录样式(如输入账号密码等)。但该方式设计样式单一，那如何才能设计一个简洁而又吸引学生的身份验证界面呢？

【学习目标】

通过学生签到界面的开发，了解应用资源的使用方法，学习 SurfaceView(透明画布)的使用流程，具备使用应用资源优化界面的能力。

【任务描述】

"优签到" APP 结合了移动互联和二维码识别技术，扫描二维码即可进行学生个人信息验证。学生通过点击扫码，在解码完成后，学生个人信息将显示在界面上，点击"签到"按钮，完成学生签到。本任务将实现"优签到" APP 的学生签到界面的设计。

该任务的基本框架如图 3.1 所示，最终实现的效果图如图 3.2 所示。

图 3.1　学生签到界面基本框架图

图 3.2　学生签到界面效果图

【知识与技能】

技能点 1　应用资源的使用

应用资源是指与 UI 相关的资源，如 UI 布局、字符串、颜色和图片等。应用资源的代码和资源的分开特性，使应用程序只需编译一次，且能够支持不同的 UI 布局，应用程序运行时还可以适应不同的屏幕大小及不同国家的语言等。在实际开发中，最好将数据存放在资源文件中，这样实现程序的逻辑代码与数据分离，便于项目的管理，减少对代码的修改。

Android 应用资源分为两大类：

(1) 保存在 assets 目录下：在 assets 中保存的资源文件最终会被打包到 apk 中，需根据指定文件名进行使用。

(2) 保存在 res 目录下：在 res 中的资源会被赋予资源 ID，在程序中通过 ID 对资源进行访问。

res 类资源可根据不同用途划分成以下九类，如表 3.1 所示。

表 3.1　资源文件存储方式

资源类型	所需的目录	文件名规范	适用的关键 XML 元素
字符串	/res/values/	strings.xml	<string>
字符串数组	/res/values/	arrays.xml	<string-array>
颜色值	/res/values/	colors.xml	<color>
尺寸	/res/values/	dimens.xml	<dimen>
简单 Drawable 图形	/res/values/	drawables.xml	<drawable>
动画序列(补间)	/res/anim/	fancy_anim.xml	<set>、<alpha>、<scale>、<rotate>
样式和主题	/res/values/	themes.xml	<style>
菜单文件	/res/menu/	my_menu.xml	<menu>
XML 文件	/res/xml/	some.xml	由开发人员定义

1. 数组资源

Android 中数组(array)的定义方式有两种：第一种可以直接在 Android 代码中声明；第二种可以在 res/values 目录下新建一个 XML 文件，对数组资源进行声明，常用的是第二种。

Android 规定存放数组的文件必须在 res/values 文件夹下创建，推荐该文件名arrays.xml，提供 Resource 类调用数组中的内容，该类包含三个子元素：

- <array>：定义普通类型的数组。
- <string-array>：定义字符串数组。
- <integer-array>：定义整型数组。

调用数组资源步骤如下所示。

第一步：在 res/values 文件夹下创建 XML 文件，命名为 arrays.xml，如图 3.3 所示。

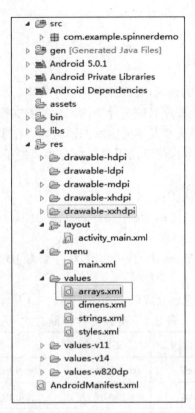

图 3.3　创建 arrays.xml 文件

第二步：定义 XML 文件，并在 XML 文件下创建一个数组。

例如：定义了含有四个直辖市名称的字符串数组，数组名是 citys，数组元素在<item>标签中存放，代码如下所示。

```
<!--字符串数组存储在/res/values/arrays.xml 文件中，格式如下所示：-->
<?xml version="1.0" encoding="utf-8"?>
<resources>
    <string-array name="citys ">
        <item>北京</item>
        <item>上海</item>
        <item>天津</item>
        <item>重庆</item>
    </string-array>
</resources>
```

第三步：在对应的 java 代码中获取数组资源。

```
<!--获取字符数组内容需要通过如下方式-->
String strs[] = getResources().getStringArray(R.array.citys);
```

2．颜色、尺寸资源文件

Android 规定存放颜色、尺寸资源的文件必须在 res/values 文件夹下创建，推荐文件名分别为 colors.xml、dimens.xml，根元素是<resources>。

(1) 颜色资源使用<color>子元素定义字符串常量，其中 name 属性指定颜色的名称，标签之间的内容代表颜色值。具体颜色的定义形式如表 3.2 所示。

表 3.2　颜色定义

颜色定义	描　　述
#RGB	红、绿、蓝为三原色值，每个值分 16 个等级，最小为 0，最大为 F
#ARGB	透明度为红、绿、蓝值，每个值分 16 个等级，最小为 0，最大为 F
#RRGGBB	红、绿、蓝为三原色值，每个值分 256 个等级，最小为 0，最大为 FF
#AARRGGBB	透明度为红、绿、蓝值，每个值分 256 个等级，最小为 0，最大为 FF

颜色资源文件的使用具体如下所示。

第一步：在 res/values/colors.xml 文件下定义颜色资源文件。

```
<!--color 文件-->
<?xml version="1.0" encoding="utf-8"?>
<resources>
<color name="black">#120A2A</color>
<color name="red">#FF4000</color>
<color name="yellow">#FFFF00</color>
<color name="burlywood">#1281f0</color>
</resources>
```

第二步：在 XML 文件中使用颜色资源文件。

```
<!--layout 文件下-->
<TextView
        android:id="@+id/textView3"
        android:layout_width="wrap_content"
        android:layout_height="wrap_content"
        android:text="@string/yi"
        android:textColor="@color/red" />
```

(2) 尺寸资源使用<dimen>子元素定义尺寸常量，其中 name 属性指定尺寸的名称，标签之间的内容代表尺寸值。调整尺寸经常用到的属性如表 3.3 所示。

表 3.3　尺寸属性

常用属性	描　　述
android:layout_width	调整宽度
android:layout_height	调整高度
android:layout_marginLeft	调整左边距
android:layout_marginTop	调整上边距
android:layout_marginRight	调整右边距

尺寸存储格式及获取尺寸内容方式，代码如下所示：

```
<!--尺寸存储在/res/values/dimens.xml 文件中-->
```

```
<?xml version="1.0" encoding="utf-8"?>
<resources>
    <dimen name="txt_app_title">22sp</dimen>
    <dimen name="font_size_10">10sp</dimen>
    <dimen name="font_size_12">12sp</dimen>
    <dimen name="font_size_14">14sp</dimen>
    <dimen name="font_size_16">16sp</dimen>
</resources>
<!--取尺寸使用下列代码：-->
float myDimen = getResources().getDimension(R.dimen.dimen 标签 name 属性的名字);
```

3. 属性动画资源

属性动画是利用对象的属性变化形成动画的效果。它是一个 Animator(抽象类)，通常使用它的子类 AnimatorSet、ValueAnimator、Object-Animator、TimeAnimator。它们之间的继承关系如图 3.4 所示。

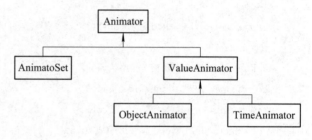

图 3.4　Animator 关系图

定义属性动画的 XML 资源文件用到的元素具体介绍如下：

• <set>元素：是一个容器标签，可以包含<objectAnimator>、<AnimatorSet>、<set>子元素。

• <objectAnimator>元素：将对象的某个属性进行动画。

• <animator>元素：用于定义 ValueAnimator 动画。

定义属性动画常用的属性如表 3.4 所示。

表 3.4　常用属性

常用属性	描　述
android:ordering	指定<set>中包含的动画的播放顺序，取值为 together(同时执行<set>中的动画，默认值)和 sequentially(按照在<set>中出现的顺序执行动画)
android:propertyName	取值为 String 类型
android:valueTo	在动画结束时的取值，取值为 float、int 或者 color
android:valueFrom	在动画开始时的取值，取值为 float、int 或者 color
android:valueType	指定执行动画的属性类型，取值为 intType、floatType(默认值)

在/res/anim/目录下创建 property_animator.xml 文件，编写动画实现代码如下所示：

```
<set android:ordering="sequentially">
        <objectAnimator
            android:propertyName="x"
            android:duration="500"
```

```
                    android:valueTo="400"
                    android:valueType="floatType"/>
        </set>
```

在 Java 文件中加载动画代码如下所示:

```
AnimatorSet set = (AnimatorSet) AnimatorInflater.loadAnimator(myContext,
        R.anim.property_animator);
set.setTarget(this);
set.start();
```

技能点 2 SurfaceView(透明画布)

1. SurfaceView 介绍

Android 中提供的 View 用于绘图处理。View 可满足大部分绘图需求,当操作逻辑比较复杂时,会出现卡顿情况,而 SurfaceView 的出现正是用于解决此类问题。SurfaceView 继承自 View,其拥有独立的绘制界面以及生命周期,并且与其他宿主窗口共享同一绘图表面。SurfaceView 可在独立的线程中进行界面绘制,不占用主线程资源。SurfaceView 绘制前会先锁定画布,绘制结束后对画布进行解锁,并将画布内容显示到界面中。View 与 SurfaceView 也有一些不同之处,如表 3.5 所示。

表 3.5　View 与 SurfaceView 的对比

View	SurfaceView
适用于主动更新	适用于被动刷新
在主线程中进行画面更新	通常通过一个子线程进行画面更新,不占用主线程资源
绘图中没有使用双缓冲机制	在底层实现双缓冲机制

2. 使用方法

调用 SurfaceView 实现透明画布效果如图 3.5 所示,具体方法及步骤如下。

图 3.5　透明画布效果

第一步：创建项目，命名为 AndroidDemo_3.1.1。

第二步：下载 SurfaceView.java 文件，复制到该项 com.example.AndroidDemo_221 目录下，如图 3.6 所示。

图 3.6　项目目录结构图

第三步：在 layout 文件夹下的 activity_main.xml 文件中调用 SurfaceView 控件，代码如下所示。

```xml
<?xml version="1.0" encoding="utf-8"?>
<LinearLayout xmlns:android="http://schemas.android.com/apk/res/android"
    android:orientation="vertical" android:layout_width="match_parent"
    android:layout_height="match_parent"
    android:background="#000000">
    <!--通过对 SurfaceView 路径调用，实现自定义布局调用-->
    <com.example.AndroidDemo_221.SurfaceView
        android:layout_width="200dp"
        android:layout_height="200dp"
        android:background="#00000000"/>
</LinearLayout>
```

第四步：在 MainActivity.java 文件中设置 SD 卡存储以及调用摄像头权限，代码如下所示。

```java
public class MainActivity extends AppCompatActivity{
    @Override
    protected void onCreate(Bundle savedInstanceState) {
        super.onCreate(savedInstanceState);
        setContentView(R.layout.activity_main);
//判断当前 SDK 版本是否低于 23
    if (Build.VERSION.SDK_INT>=23){
```

```
//如果是，则判断是否缺少调用摄像头以及存储权限
int request = ContextCompat.checkSelfPermission(MainActivity.this, Manifest.permission.CAMERA);
if (request!= PackageManager.PERMISSION_GRANTED){
    //如果缺少权限则进行添加
    ActivityCompat.requestPermissions(MainActivity.this,new
String[]{Manifest.permission.CAMERA},123);
    return;
    }else {
    Toast.makeText(MainActivity.this,"权限同意",Toast.LENGTH_SHORT).show();
        }
    }
        }
    }
```

【任务实现】

学生签到的实现可以节省教师上课点名时间，以便为学生讲解更多的知识。实现流程如图 3.7 所示。

通过对以上技能点的学习，根据以下步骤完成学生签到界面的开发。

第一步：在 activity 包下创建 StudentActivity.java 文件并对应在 layout 文件夹下生成对应布局文件 activity_student.xml，使用基础控件以及布局设计学生签到界面，效果如图 3.8 所示。

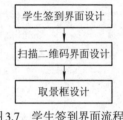

图 3.7 学生签到界面流程图

图 3.8 学生签到界面效果图

签到界面设计代码如下所示：

```xml
<?xml version="1.0" encoding="utf-8"?>
<LinearLayout xmlns:android="http://schemas.android.com/apk/res/android"
    xmlns:app="http://schemas.android.com/apk/res-auto"
    xmlns:tools="http://schemas.android.com/tools"
    android:layout_width="match_parent"
    android:layout_height="match_parent"
    android:background="@drawable/s_backgrounds"
    android:orientation="vertical"
    tools:context="kitrobot.com.wechat_bottom_navigation.activity.StudentActivity">
    <include layout="@layout/main_title_bar"></include>
    <LinearLayout
        android:layout_width="match_parent"
        android:layout_height="wrap_content"
        android:gravity="center">
        <ImageView
            android:id="@+id/img_student"
            android:layout_width="100dp"
            android:layout_height="100dp"
            android:src="@drawable/student_img"
            android:layout_margin="10dp"/>
    </LinearLayout>
    <LinearLayout
        android:layout_width="match_parent"
        android:layout_height="300dp"
        android:orientation="vertical">

        <LinearLayout
            android:layout_width="match_parent"
            android:layout_height="0dp"
            android:layout_weight="1"
            android:gravity="center_vertical"
            android:orientation="horizontal">
            <TextView
                android:layout_width="wrap_content"
                android:layout_height="wrap_content"
                android:layout_marginLeft="25dp"
                android:text="姓        名："
                android:textSize="18sp" />
            <TextView
```

```
            android:id="@+id/tv_student_name"
            android:layout_width="wrap_content"
            android:layout_height="wrap_content"
            android:layout_marginLeft="25dp"
            android:textSize="16sp" />
    </LinearLayout>
    <LinearLayout
        android:layout_width="match_parent"
        android:layout_height="0dp"
        android:layout_weight="1"
        android:gravity="center_vertical"
        android:orientation="horizontal">
        <TextView
            android:id="@+id/textView4"
            android:layout_width="wrap_content"
            android:layout_height="wrap_content"
            android:layout_marginLeft="25dp"
            android:text="学        号： "
            android:textSize="18sp" />
        <TextView
            android:id="@+id/tv_student_number"
            android:layout_width="wrap_content"
            android:layout_height="wrap_content"
            android:layout_marginLeft="25dp"
            android:textSize="16sp" />
    </LinearLayout>
    <LinearLayout
        android:layout_width="match_parent"
        android:layout_height="0dp"
        android:layout_weight="1"
        android:gravity="center_vertical"
        android:orientation="horizontal">
        <TextView
            android:layout_width="wrap_content"
            android:layout_height="wrap_content"
            android:layout_marginLeft="25dp"
            android:text="课程名称： "
            android:textSize="18sp" />
        <TextView
```

```xml
                android:id="@+id/tv_student_classname"
                android:layout_width="wrap_content"
                android:layout_height="wrap_content"
                android:layout_marginLeft="25dp"
                android:textSize="16sp" />
    </LinearLayout>
    <LinearLayout
        android:layout_width="match_parent"
        android:layout_height="0dp"
        android:layout_weight="1"
        android:gravity="center_vertical"
        android:orientation="horizontal">
        <TextView
                android:layout_width="wrap_content"
                android:layout_height="wrap_content"
                android:layout_marginLeft="25dp"
                android:text="上课教室："
                android:textSize="18sp" />
        <TextView
                android:id="@+id/tv_student_classroom"
                android:layout_width="wrap_content"
                android:layout_height="wrap_content"
                android:layout_marginLeft="25dp"
                android:textSize="16sp" />
    </LinearLayout>
    <LinearLayout
        android:layout_width="match_parent"
        android:layout_height="0dp"
        android:layout_weight="1"
        android:gravity="center_vertical"
        android:orientation="horizontal">
        <TextView
                android:layout_width="wrap_content"
                android:layout_height="wrap_content"
                android:layout_marginLeft="25dp"
                android:text="上课时间："
                android:textSize="18sp" />
        <TextView
                android:id="@+id/tv_student_classtime"
```

```
                android:layout_width="wrap_content"
                android:layout_height="wrap_content"
                android:layout_marginLeft="25dp"
                android:textSize="16sp" />
        </LinearLayout>
    </LinearLayout>
    <LinearLayout
        android:layout_width="match_parent"
        android:layout_height="100dp"
        android:gravity="center"
        android:layout_marginTop="15dp">
        <Button
            android:id="@+id/btn_sign"
            android:layout_width="60dp"
            android:layout_height="60dp"
            android:background="@drawable/ic_action_tick" />
    </LinearLayout>
</LinearLayout>
```

　　这里的扫码界面不需要手动进行编写，当在第三方类库导入成功后打开 layout 文件夹下的 activity_capture.xml 文件，此文件就是扫码界面的所有布局代码。此处主要向读者介绍扫码界面的组成，所以将其分步骤演示说明。

　　第二步：扫码分析界面整体布局设计的效果图如图 3.9 所示。

图 3.9　扫码分析整体布局(1)

整体透明画布代码如下所示：

```xml
<?xml version="1.0" encoding="UTF-8"?>
<merge xmlns:android="http://schemas.android.com/apk/res/android"
    >
    <!-- 整体透明画布 -->
    <SurfaceView
        android:id="@+id/preview_view"
        android:layout_width="fill_parent"
        android:layout_height="fill_parent" />
</merge>
```

扫码界面标题及返回按钮的设计效果图如图 3.10 所示。

图 3.10　扫码分析整体布局(2)

添加其他按钮代码如下所示：

```xml
<?xml version="1.0" encoding="UTF-8"?>
<merge xmlns:android="http://schemas.android.com/apk/res/android"
    >
    <!-- 整体透明画布 -->
    <SurfaceView
        android:id="@+id/preview_view"
        android:layout_width="fill_parent"
        android:layout_height="fill_parent" />
    <RelativeLayout
        android:layout_width="fill_parent"
        android:layout_height="50dp"
```

```
                android:layout_gravity="top"
                android:background="#99000000">
//返回按钮
        <ImageButton
                android:id="@+id/capture_imageview_back"
                android:layout_width="42dp"
                android:layout_height="42dp"
                android:layout_centerVertical="true"
                android:background="@drawable/selector_capture_back"/>
//标题
        <TextView
                android:layout_width="wrap_content"
                android:layout_height="wrap_content"
                android:layout_centerInParent="true"
                android:textColor="#ffffffff"
                android:textSize="20sp"
                android:text="扫一扫"/>
    </RelativeLayout>
</merge>
```

第三步：扫描取景框的设计效果图如 3.11 所示。

图 3.11　扫码界面

扫码界面布局代码如下所示：

```xml
<?xml version="1.0" encoding="UTF-8"?>
<merge xmlns:android="http://schemas.android.com/apk/res/android"
    xmlns:app="http://schemas.android.com/apk/res-auto">
    <!-- 整体透明画布 -->
    <SurfaceView
        android:id="@+id/preview_view"
        android:layout_width="match_parent"
        android:layout_height="match_parent" />
    <LinearLayout
        android:layout_width="match_parent"
        android:layout_height="match_parent"
        android:orientation="vertical">
        <RelativeLayout
            android:layout_width="match_parent"
            android:layout_height="48dp"
            android:layout_gravity="top"
            android:background="#99000000">
            <ImageButton
                android:id="@+id/capture_imageview_back"
                android:layout_width="48dp"
                android:layout_height="match_parent"
                android:layout_centerVertical="true"
                android:background="@drawable/selector_capture_back"
                android:scaleType="centerInside" />
            <TextView
                android:layout_width="wrap_content"
                android:layout_height="wrap_content"
                android:layout_centerInParent="true"
                android:text="扫一扫"
                android:textColor="#ffffffff"
                android:textSize="20sp" />
        </RelativeLayout>
        <!-- 扫描取景框 -->
        <com.yzq.zxinglibrary.view.ViewfinderView
            android:id="@+id/viewfinder_view"
            android:layout_width="match_parent"
            android:layout_height="0dp"
            android:layout_weight="1" />
```

```xml
<LinearLayout
    android:id="@+id/bottomLayout"
    android:layout_width="match_parent"
    android:layout_height="96dp"
    android:layout_gravity="bottom"
    android:background="#99000000"
    android:orientation="horizontal">
    <LinearLayout
        android:id="@+id/flashLightLayout"
        android:layout_width="0dp"
        android:layout_height="match_parent"
        android:layout_weight="1"
        android:gravity="center"
        android:orientation="vertical">
        <ImageView
            android:id="@+id/flashLightIv"
            android:layout_width="36dp"
            android:layout_height="36dp"
            android:scaleType="centerCrop"
            android:tint="#ffffffff"
            app:srcCompat="@drawable/ic_close" />
        <TextView
            android:id="@+id/flashLightTv"
            android:layout_width="match_parent"
            android:layout_height="wrap_content"
            android:layout_marginTop="5dp"
            android:gravity="center"
            android:text="打开闪光灯"
            android:textColor="@color/result_text" />
    </LinearLayout>
    <LinearLayout
        android:id="@+id/albumLayout"
        android:layout_width="0dp"
        android:layout_height="match_parent"
        android:layout_weight="1"
        android:gravity="center"
        android:orientation="vertical">
        <ImageView
            android:layout_width="36dp"
```

```
                    android:layout_height="36dp"
                    android:scaleType="centerCrop"
                    android:tint="#ffffffff"
                    app:srcCompat="@drawable/ic_photo" />
                <TextView
                    android:layout_width="match_parent"
                    android:layout_height="wrap_content"
                    android:layout_marginTop="5dp"
                    android:gravity="center"
                    android:text="相册"
                    android:textColor="@color/result_text" />
            </LinearLayout>
        </LinearLayout>
    </LinearLayout>
</merge>
```

【习题】

一、选择题

1. Android 目录下的 assets 文件的作用是(　　)。

A. 放置应用的图片资源　　　　　　B. 主要放置多媒体等数据文件

C. 放置字符串、颜色、数组等资源　　D. 放置 UI 相应的布局文件

2. 下列(　　)不是颜色定义的形式。

A. #RGB　　　　　B. #ARGB　　　　C. #RRGGBB　　　D. RRPCC

3. 下列(　　)是中国语言代码的简写。

A. zh-cn　　　　　B. en-za　　　　　C. ko-kr　　　　　D. pt-pt

4. 下列(　　)是样式的标签。

A. <style>　　　　B. <theme>　　　　C. <action>　　　　D. <service>

5. 下列(　　)是完成国际化之后获得的新目录。

A. SDK 目录　　　　　　　　　　　B. values-zh-rCN 目录

C. Versona 目录　　　　　　　　　　D. android-ya 目录

二、填空题

1. 在 assets 中保存的资源文件最终会被打包在_____中，需根据指定文件名进行使用。

2. Android 中数组的定义方式有两种：第一种可以直接在 Android 代码中声明；第二种可以在_____目录下新建一个 XML 文件。

3. 尺寸资源使用_____子元素定义尺寸常量，其中 name 属性指定尺寸的_____，标签之间的内容代表_____。

4. 在实现拍照的过程中，开发人员要选择菜单或者按钮来开启系统自带_____，并传递一个拍照存储的绝对路径给系统应用程序。

5. 除了调用 Camera APP 实现拍照，还可以根据 SDK 提供的＿＿＿＿＿＿来编写相关程序实现拍照。

三、上机题

根据所学的知识自己设计一个美观的 UI 登录界面。

【任务总结】

◇　Android 应用资源分为保存在 assets 目录下和保存在 res 目录下两大类。

◇　View 在 Android 中用于绘图处理，但操作逻辑比较复杂时，会出现卡顿情况。SurfaceView 的出现解决了这一问题，其可在独立的线程中进行界面绘制，不占用主线程资源。

◇　SurfaceView 继承自 View，拥有独立的绘制界面以及生命周期，并且与其他宿主窗口共享同一绘图表面。

工作任务二　学生签到功能开发

【问题导入】

大多数教师为了节省时间，总会采取抽查点名的方式进行学生考勤记录。但是教师不可能记住每一个学生的样貌，替代点名时有发生，影响了学生签到的准确性。也有部分学生上课只为签名，签完即走，逃课很难追查。那么，怎样才能提高学生签到的准确性，降低教师的工作量呢？

【学习目标】

通过学生签到界面功能的开发，了解条形码/二维码识别流程，学习 Dialog 设置方式，掌握 SQLite 创建方法，具备熟练操作数据库的能力。

【任务描述】

学生扫描二维码进行登录后，可直接获取到该学生的个人信息，节省了输出学生信息的时间，如此简单的签到方式，更是减小了教师手工点名的工作量。但是学生在扫码时需要注意权限的申请，尤其在 Android 6.0 之后，当需要移动终端调用系统敏感权限时，都要对此权限进行动态请求。本任务将实现"优签到"APP 的学生签到功能。

【知识与技能】

技能点 1　条形码/二维码识别(Zxing)

Zxing 是谷歌推出用来识别多种格式条形码的开源 Java 类库，本任务采用 Zxing 实现扫描二维码和识别二维码两个功能。以下将详细介绍 Zxing 的原理以及使用方法。

1. Zxing 简介

Zxing 是一个用于解析多种格式的 1D/2D 条形码开源 Java 类库，其目标是能够对 QR

编码、Data Matrix、UPC 的 1D 条形码进行解码。使用 Zxing 可以帮助用户在最短时间内开发出检验 1D/2D 条形码的程序。其工作原理是打开手机摄像头，锁定 1D/2D 条形码，并在手机上解析锁定的条形码。

截至目前为止，最新版本的 Zxing 支持以下编码格式：

- UPC-A and UPC-E。
- EAN-8 and EAN-13。
- Code 39。
- Code 93。
- Code 128。
- QR Code。
- ITF(创新及科技基金)。
- Codabar(库德巴)。
- RSS-14 (all variants——所有的变体)。
- Data Matrix(数据矩阵)。
- PDF 417 ('alpha' quality——'阿尔法'的质量)。
- Aztec ('alpha' quality)。

Zxing 库主要支持调用摄像头进行扫码并读取图片内容、读取相册中二维码内容、根据用户输入字符生成二维码、长按识别生成的二维码等功能。

2. Zxing 的使用

通过对 Zxing 应用程序包的使用，实现二维码识别功能，效果如图 3.12 所示。

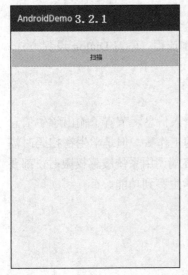

图 3.12　识别二维码

在 https://github.com/yuzhiqiang1993/zxing 中下载 Zxing 的应用程序包，解压下载的程序包后，可以看到整个应用程序主要包含的组件，如图 3.13 所示。

.idea	sdk版本更新至28
app	sdk版本更新至28
gradle/wrapper	update .gitignore
img	优化绘制流程
zxinglibrary	compileOnly代替implementation
.gitignore	更新apkdemo
README.md	Update README.md
build.gradle	sdk版本更新至28
gradle.properties	更新gradle至4.4，适配Android Studio3.1
gradlew	首次提交
gradlew.bat	首次提交
settings.gradle	首次提交
sh.exe.stackdump	新增扫描线属性动画

图 3.13　Zxing 程序包目录

Zxing 的使用步骤如下所示。

第一步：新建 Android 项目，命名为 AndroidDemo_3.2.1。将 zxinglib 路径下的所有文件全部复制添加到新建项目中，作为第三方类库，目录结构效果如图 3.14 所示。

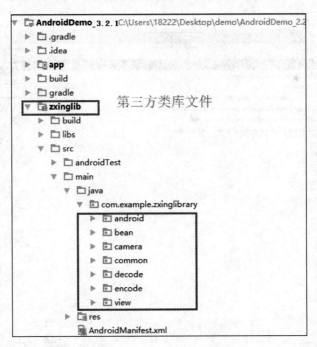

图 3.14　第三方类库目录结构

第二步：将第三方类库设置为该项目依赖，添加步骤如下所示。

选择项目右击，在弹出菜单中选择"Open Module Settings"，如图 3.15 所示。

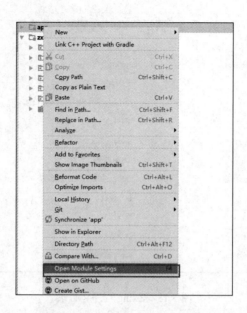

图 3.15　选择 "Open Module Settings"

　　选择 Project Structure 窗口中的 "Dependencies" 栏，然后单击加号，弹出选择菜单栏，选择其中第三个 "Module dependency"，如图 3.16 所示。

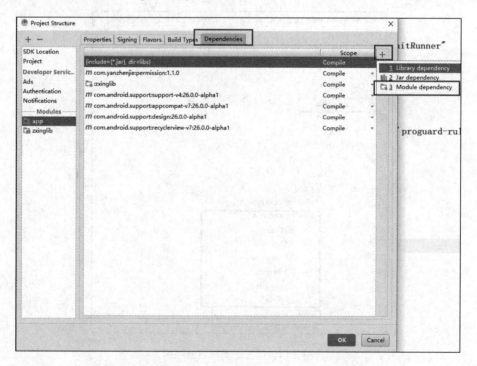

图 3.16　"Open Moudule Settings" 界面

　　选择复制到 "zxinglib" 项目后，单击 "OK" 按钮，实现添加第三方依赖，如图 3.17 所示。

图 3.17　添加第三方依赖

第三步：将 Zxing\zxinglib\libs\core-3.3.0.jar 文件复制到 AndroidDemo3.4\app\libs 文件夹下，通过导入库类的过程，将 core-3.0.0.jar 包导入项目中。

第四步：将 Zxing\android 目录下的 res 资源文件拷贝到项目中相应的位置，软件会提示是否覆盖，选择"overwrite all"。

第五步：将 Zxing\app\src\main\res\values 目录下的资源文件夹复制到 AndroidDemo_3.2.1 \app\src\main\res\values 文件夹下，并将其中的文件全部替换，如图 3.18 所示。

colors.xml	2017/10/25 14:41	XML 文档	2 KB
ids.xml	2014/11/12 7:05	XML 文档	1 KB
strings.xml	2017/10/25 14:41	XML 文档	9 KB
styles.xml	2017/10/25 14:43	XML 文档	2 KB

图 3.18　替换文件

第六步：在 activity_layout.xml 文件中通过 TextView、Button、ImageView 等实现二维码识别主界面编写，代码如下所示。

```xml
<?xml version="1.0" encoding="utf-8"?>
<LinearLayout xmlns:android="http://schemas.android.com/apk/res/android"
    xmlns:tools="http://schemas.android.com/tools"
    android:layout_width="match_parent"
    android:layout_height="match_parent"
    android:orientation="vertical"
    tools:context="com.yzq.zxing.MainActivity">
    <TextView
        android:id="@+id/result"
        android:layout_width="match_parent"
        android:layout_height="wrap_content"
```

```
            android:gravity="center"
            android:padding="8dp"
            android:textStyle="bold" />
        <Button
            android:id="@+id/scanBtn"
            android:layout_width="match_parent"
            android:layout_height="wrap_content"
            android:text="扫描" />
        <ImageView
            android:id="@+id/contentIv"
            android:layout_gravity="center"
            android:layout_width="wrap_content"
            android:layout_height="wrap_content"
            />
    </LinearLayout>
```

第七步：在 MainActivity.java 文件中实现界面初始化，代码如下所示。

```
scanBtn = (Button) findViewById(R.id.scanBtn);
scanBtn.setOnClickListener(this);
/*扫描结果*/
result = (TextView) findViewById(R.id.result);
```

第八步：在 MainActivity 中动态申请权限(Android 6.0 之后的要求)，并添加跳转扫码界面功能，代码如下所示。

```
@Override
public void onClick(View v) {
    switch (v.getId()) {
        case R.id.scanBtn:
            AndPermission.with(this)
.permission(Manifest.permission.CAMERA,Manifest.permission.READ_EXTERNAL_STORAGE).call
back(new PermissionListener() {
                @Override
            public void onSucceed(int requestCode,
                @NonNull List<String>grantPermissions) {
                Intent intent = new Intent(MainActivity.this, CaptureActivity.class);
                ZxingConfig config = new ZxingConfig();
                config.setPlayBeep(true);
                config.setShake(true);
                intent.putExtra(Constant.INTENT_ZXING_CONFIG, config);
                startActivityForResult(intent,REQUEST_CODE_SCAN);
                    }
```

```
                        @Override
            public void onFailed(int requestCode,
            @NonNull List<String> deniedPermissions) {
            }
                }).start();
                break;
        }
    }
```

第九步：通过 onActivityResult()方法将返回值进行回调，并显示到界面上，代码如下所示。

```
@Override
    protected void onActivityResult(int requestCode, int resultCode, Intent data) {
        super.onActivityResult(requestCode, resultCode, data);
            // 扫描二维码/条码回传
        if (requestCode == REQUEST_CODE_SCAN && resultCode == RESULT_OK) {
            if (data != null) {
                String content = data.getStringExtra(Constant.CODED_CONTENT);
                    result.setText("扫描结果为：" + content);
            }           }        }
```

技能点 2　Dialog 的使用

Dialog 是 Android 开发过程中最常用到的组件之一，它可以用来弹出一个窗体，这个窗体的内容大多用来提示或警告用户。Dialog 对话框可以分为警告对话框(AlertDialog)、进度对话框(ProgressDialog)、日期选择对话框(DatePickerDialog)、时间选择对话框(TimePickerDialog)、自定义对话框(从 Dialog 继承)五大类。

AlertDialog 的构造方法都是 Protected(有保护的)，不能直接新建 AlertDialog，要使用 AlertDialog.Bulider 中的 create()方法才能创建一个弹窗窗口。想要使用 AlertDialog.Bulider 创建对话框需要掌握以下几个方法，如表 3.6 所示。

表 3.6　设置 Dialog 窗口方法

设　置　方　法	描　　述
setTitle()	为对话框设置标题
setIcon()	为对话框设置图标
setMessage()	为对话框设置内容
setView()	给对话框设置自定义样式
setItems()	设置对话框要显示的一个 Iist，一般用于显示几个命令
setNeutralButton()	普通按钮
setPositiveButton()	对话框添加"Yes"按钮

设 置 方 法	描 述
setNegativeButton()	对话框添加"No"按钮
Create()	创建对话框
show()	显示对话框
setCanceledOnTouchOutside()	false 为点击空白区域对话框不消失，反之为 true；点击返回键对话框可消失
setCanceled()	false 为点击空白区域对话框不消失，反之为 true；点击返回键对话框不消失

1. Dialog 实现步骤

Dialog 对话框实现效果如图 3.19 所示，具体方法及步骤如下。

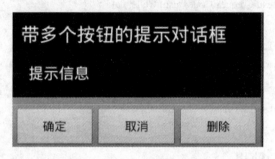

图 3.19　Dialog 对话框效果图

第一步：使用 AlertDialog.Bulider 类创建一个选择提示框。

```
AlertDialog.Builder dialog = new AlertDialog.Builder(activity)://创建 Dialog 窗口
```

第二步：设置提示框的各个参数并显示窗口。

```
dialog.setTitle("带多个按钮的提示对话框");      //设置 Dialog 标题
dialog.setMessage("提示信息");                //添加副标题
dialog.setPositiveButton("确定", null);        //添加确定按钮
dialog.setNeutralButton("取消", null);         //添加取消按钮
dialog.setNegativeButton("删除", null);        //添加删除按钮
dialog. setCanceled(false);                   //点击空白区域或返回键，对话框不消失
dialog.create().show();                       //显示对话框
```

2. 自定义 Dialog

Android 系统提供的 Dialog 及其子类可满足多数弹窗需求，但其样式单一，布局和功能上有所限制，在项目开发过程中会出现与 APP 本身风格不协调的情况，这时就需要开发人员进行自定义 Dialog 的开发。自定义 Dialog 开发与传统的模式大致相同，但需要用户根据 APP 风格进行界面设计。

自定义 Dialog 对话框实现效果如图 3.20 所示，具体方法及步骤如下。

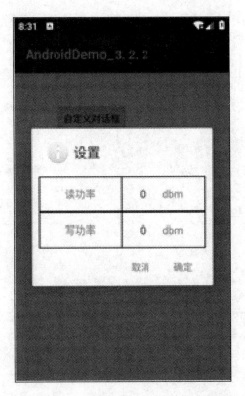

图 3.20　自定义 Dialog 对话框效果图

第一步：新建 Android 项目，命名为 AndroidDemo_3.2.2。

第二步：自定义弹窗显示内容为 view.xml 文件，代码如下所示。

```
<?xml version="1.0" encoding="utf-8"?>
<LinearLayout xmlns:android="http://schemas.android.com/apk/res/android"
    android:layout_width="match_parent"
    android:layout_height="match_parent"
    android:orientation="vertical"
    android:gravity="center_horizontal">
    <TableLayout
        android:layout_width="250dp"
        android:layout_height="wrap_content"
        android:background="#000000"
        android:layout_marginTop="20dp"
        >
        <TableRow
        android:layout_width="match_parent"
        android:layout_height="wrap_content"
        android:background="#000000"
        android:layout_margin="0.5dp">
```

```xml
<TextView
    android:id="@+id/textView3"
    android:layout_width="0dp"
    android:layout_weight="1"
    android:layout_height="50dp"
    android:text="读功率"
    android:background="#ffffff"
    android:layout_margin="0.5dp"
    android:gravity="center"
    android:textSize="15sp"/>
<LinearLayout
    android:layout_width="0dp"
    android:layout_weight="1"
    android:layout_height="50dp"
    android:background="#ffffff"
    android:gravity="center"
    android:layout_margin="0.5dp"
    >
<EditText
    android:id="@+id/edt_read"
    android:layout_width="0dp"
    android:layout_weight="1"
    android:layout_height="50dp"
    android:background="#ffffff"
    android:gravity="center"
    android:textSize="15sp"
    android:text="0"
    android:inputType="number"/>
<TextView
    android:layout_width="0dp"
    android:layout_weight="1"
    android:layout_height="50dp"
    android:background="#ffffff"
    android:text="dbm"
    android:gravity="center_vertical"
    android:textSize="15sp"
/>
</LinearLayout>
</TableRow>
```

```xml
    <TableRow
    android:layout_width="match_parent"
    android:layout_height="wrap_content"
    android:background="#000000"
    android:layout_margin="0.5dp">
    <TextView
    android:id="@+id/textView3"
    android:layout_width="0dp"
    android:layout_weight="1"
    android:layout_height="50dp"
    android:text="写功率"
    android:background="#ffffff"
    android:layout_margin="0.5dp"
    android:gravity="center"
    android:textSize="15sp"/>
    <LinearLayout
    android:layout_width="0dp"
    android:layout_weight="1"
    android:layout_height="50dp"
    android:background="#ffffff"
    android:gravity="center"
    android:layout_margin="0.5dp"
        >
    <EditText
    android:id="@+id/edt_write"
    android:layout_width="0dp"
    android:layout_weight="1"
    android:layout_height="50dp"
    android:background="#ffffff"
    android:gravity="center"
    android:textSize="15sp"
    android:text="0"
    android:inputType="number"/>
    <TextView
    android:layout_width="0dp"
    android:layout_weight="1"
    android:layout_height="50dp"
    android:background="#ffffff"
    android:text="dbm"
```

```
        android:gravity="center_vertical"
        android:textSize="15sp"
       />
      </LinearLayout>
      </TableRow>
    </TableLayout>
 </LinearLayout>
```

第三步：定义 activity_main.xml 布局内容，代码如下所示。

```
<RelativeLayout xmlns:android="http://schemas.android.com/apk/res/android"
    xmlns:tools="http://schemas.android.com/tools"
    android:layout_width="match_parent"
    android:layout_height="match_parent"
    tools:context=".MainActivity" >
    <Button
        android:id="@+id/btn_dis"
        android:layout_width="wrap_content"
        android:layout_height="wrap_content"
        android:layout_alignParentLeft="true"
        android:layout_alignParentTop="true"
        android:layout_marginLeft="61dp"
        android:layout_marginTop="44dp"
        android:onClick="click1"
        android:text="自定义对话框" />
</RelativeLayout>
```

第四步：在 MainActivity 中通过点击按钮显示对话框，代码如下所示。

```
public class MainActivity extends AppCompatActivity {
    private Button btn_dis;
    @Override
    protected void onCreate(Bundle savedInstanceState) {
        super.onCreate(savedInstanceState);
        setContentView(R.layout.activity_main);
        btn_dis = (Button) findViewById(R.id.btn_dis);
        btn_dis.setOnClickListener(new View.OnClickListener() {
            @Override
            public void onClick(View view) {
        //初始化 Dialog 组件
        final AlertDialog.Builder builder = new AlertDialog.Builder(MainActivity.this);
        //引用自定义布局
```

```
View view1 = LayoutInflater.from(MainActivity.this).inflate(R.layout.view, null);
//设置标题
builder.setTitle("设置");
//设置图标
builder.setIcon(android.R.drawable.ic_dialog_info);
//引用整个布局文件中的内容
builder.setView(view);
//确定提交按钮
builder.setPositiveButton("确定", new DialogInterface.OnClickListener() {
        @Override
        public void onClick(DialogInterface arg0, int arg1) {
            // TODO Auto-generated method stub
        }
    });
//取消提交按钮
builder.setNegativeButton("取消", null);
//构建 Dialog 组件
Dialog dialog = builder.create();
//点击空白区域或返回键对话框不消失
dialog.setCancelable(false);
//显示对话框
dialog.show();
} });}}
```

技能点 3　SQLite 轻量级数据库设计与操作

1. SQLite 存储

1) SQLite 数据库简介

SQLite 是一款轻量级的关系型数据库,不仅支持标准的 SQL 语句,还遵守 ACID 的关系型数据库管理系统。SQLite 并不像 Oracle 和 MySQL 数据库那样需要安装、启动服务器,SQLite 只是一种更为便捷的文件操作,具有如下特点:

- 跨平台;
- 紧凑性;
- 适应性;
- 不受拘束的授权;
- 可靠性;
- 易用性。

Android 提供了 SQLiteDatabase,代表一个数据库,通常在移动平台上使用 SQLiteDatabase(SQLiteDatabase 既代表与数据库的连接,也可以用于执行 SQL 语句操作)工具类创建或打开数据库，SQLiteDatabase 提供了如表 3.7 所示的方法来管理、操作数据库。

表 3.7 获取 SQLiteDatabase 数据库说明

方　法	操作	参 数 说 明
openDatabase(String path, SQLiteDatabase.CursorFactory factory, int flags, DatabaseErrorHandler errorHandler)	打开	path：数据库的路径； factory：用于存储查询数据库的 Cursor 工厂，null 代表默认工厂； flags：设置数据库访问模式 (0：读写，1：只读)； errorHandler：数据库处理异常的报告； file：数据库文件
openDatabase(String path, SQLiteDatabase.CursorFactory factory, int flags)	打开	
openOrCreateDatabase(String path, SQLiteDatabase.CursorFactory factory, DatabaseErrorHandler errorHandler)	打开创建	
openOrCreateDatabase(String path, SQLiteDatabase.CursorFactory factory)	打开创建	
openOrCreateDatabase(File file, SQLiteDatabase.CursorFactory factory)	打开创建	

基于数据库创建的基础，接下来就可以调用 Android API 中 SQLiteDatabase 提供的数据操作方法对数据库进行操作。常用的数据操作方法如表 3.8 所示。

表 3.8 常用的数据操作方法

方　法	含　义
execSQL(String sql)	执行标准 SQL 语句
execSQL(String sql, Object[] bindArgs)	执行带占位符的 SQL 语句
insert(String table, String nullColumnHack, ContentValues values)	插入一条数据
update(String table, ContentValues values, String whereClause, String[] whereArgs)	更新一条数据
delete(String table, String whereClause, String[] wh15ereArgs)	删除一条数据
beginTransaction()	开始事务
endTransaction()	结束事务

2) SQLite 数据库操作

操作 SQLite 数据库的一般步骤如下：

(1) 使用 SQLiteDatabase 对象提供的静态方法，打开或创建数据库。

```
SQLiteDatabase.openOrCreateDatabase(String path,SQLiteDatabase.CursorFactory factory));
```

• path 代表数据库的路径。如果路径下存在对应的文件，则打开该数据库；如果该文件不存在，则在该路径下创建对应数据库。

• factory 代表在创建 Cursor 对象时使用的工厂类，如果为 null，则使用默认的工厂。

(2) 创建数据库表结构，调用 SQLiteDatabase 的 execSQL()方法来执行数据库操作。

```
SQLiteDatabase.execSQL(String sql);
```

(3) 调用 SQLiteDatabase 对象执行数据操作。

```
// table 为表的名称，nullColumnHack 为空列的默认值
// ContentValues 类型的一个封装了列名称和列值的 Map
```

```
SQLiteDatabase.insert(String table, String nullColumnHack, ContentValues values);
// whereClause 为更新条件，whereArgs 为更新条件值数组
SQLiteDatabase.update(String table, ContentValues values, String whereClause, String[] whereArgs);
SQLiteDatabase.delete(String table, String whereClause, String[] whereArgs);
```

（4）关闭数据库。

```
SQLiteDatabase.close();
```

使用 SQLite 数据库存储数据时，该程序提供了两个文本框，用户在文本框中输入内容，单击"插入"按钮，将会把数据插入到数据库，效果如图 3.21 所示，具体方法及步骤如下。

图 3.21　数据读取

第一步：新建 Android 项目，命名为 AndroidDemo_3.2.3。

第二步：定义布局文件，定义两个文本框和一个插入按钮。单击"插入"按钮，使用 <ListView>标签显示插入数据，代码如下所示。

```xml
<?xml version="1.0" encoding="utf-8"?>
<LinearLayout xmlns:android="http://schemas.android.com/apk/res/android"
    android:orientation="vertical"
    android:layout_width="fill_parent"
    android:layout_height="fill_parent">
<EditText
    android:id="@+id/title"
    android:layout_width="fill_parent"
    android:layout_height="wrap_content"/>
<EditText
    android:id="@+id/content"
    android:layout_width="fill_parent"
    android:layout_height="wrap_content"
```

```
        android:lines="2"/>
    <Button
        android:id="@+id/ok"
        android:layout_width="wrap_content"
        android:layout_height="wrap_content"
        android:text="@string/insert"/>
    <ListView
        android:id="@+id/show"
        android:layout_width="fill_parent"
        android:layout_height="fill_parent"/>
</LinearLayout>
```

第三步：新建 item.xml 文件，将插入的数据以规定的形式显示，代码如下所示。

```
<LinearLayout xmlns:android="http://schemas.android.com/apk/res/android"
        android:orientation="horizontal" android:layout_width="match_parent"
        android:layout_height="match_parent">
    <TextView
        android:id="@+id/my_title"
        android:layout_width="70dp"
        android:layout_height="30dp"
        android:textColor="#000"/>
    <TextView
        android:id="@+id/my_content"
        android:layout_width="70dp"
        android:layout_height="30dp"
        android:textColor="#000"/>
</LinearLayout>
```

第四步：创建或打开 SQLite 数据库，当用户点击插入按钮时，在数据库表中插入数据，并执行查询语句。使用 ListView 将查询结果显示出来，代码如下所示。

```
public class MainActivity extends AppCompatActivity {
    private SQLiteDatabase db;
    private Button bn = null;
    private ListView listView;
    @Override
    protected void onCreate(Bundle savedInstanceState) {
        super.onCreate(savedInstanceState);
        setContentView(R.layout.activity_main);
        //创建或打开数据库
        db = SQLiteDatabase.openOrCreateDatabase(this.getFilesDir()
                .toString() + "/dbtest.db3" , null);
```

```
        listView = (ListView)findViewById(R.id.show);
        bn = (Button)findViewById(R.id.ok);
        bn.setOnClickListener(new View.OnClickListener()
        {
            @Override
            public void onClick(View source)
            {
                //获取用户输入
                String title = ((EditText)findViewById(R.id.title))
                        .getText().toString();
                String content = ((EditText)findViewById(R.id.content))
                        .getText().toString();
                try
                {
                    insertData(db , title , content);
                    //查询语句
                    Cursor cursor = db.rawQuery("select * from news_inf", null);
                    inflateList(cursor);
                }
                catch(SQLiteException se)
                {
    //创建数据库表
    db.execSQL("create table news_inf(_id integer primary key autoincrement,"
            + " news_title varchar(50),"
            + " news_content varchar(255))");
    //插入数据
    insertData(db , title , content);
    //查询语句
    Cursor cursor = db.rawQuery("select * from news_inf", null);
    inflateList(cursor);
                }}});}
    private void insertData(SQLiteDatabase db
            , String title , String content)
    {
        db.execSQL("insert into news_inf values(null , ? , ?)"
                , new String[]{title , content});
    }
    private void inflateList(Cursor cursor)
    {
```

```
//适配器填充数据
SimpleCursorAdapter adapter = new SimpleCursorAdapter(
        MainActivity.this , R.layout.item, cursor
        , new String[]{"news_title" , "news_content"}
        , new int[]{R.id.my_title , R.id.my_content});
//显示数据
listView.setAdapter(adapter);
}
//监控数据库的状态
@Override
public void onDestroy()
{
    super.onDestroy();
    if (db != null && db.isOpen())
    {
        db.close();
    }}}
```

【任务实现】

使用 Zxing 实现学生签到的二维码扫描，流程如图 3.22 所示。

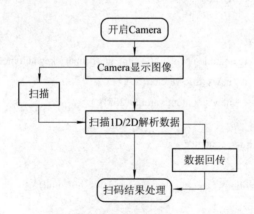

图 3.22　扫描流程

通过对技能点的学习，根据以下步骤完成二维码扫描的开发。

第一步：判断此时手持端的 Android 版本号，如果大于 6.0，则动态申请相机的访问权限。动态请求权限具体代码如下所示。

```
public void onTakePhoto()    {
    if (Build.VERSION.SDK_INT>=23){
        int request = ContextCompat.checkSelfPermission(activity, Manifest.permission.CAMERA);
        if (request!= PackageManager.PERMISSION_GRANTED){
```

```
            ActivityCompat.requestPermissions(activity,new String[]{Manifest.permission.CAMERA},123);
            return;
        }else {
            Toast.makeText(activity,"权限同意",Toast.LENGTH_SHORT).show();
        }
    }else {
    }
}
```

第二步：根据添加扫码类库方式，在此项目中也进行添加，添加后目录结构如图 3.23 所示。

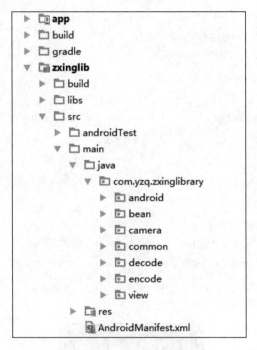

图 3.23　目录结构图

第三步：打开类库中 android 包下的 CaptureActivity.java 文件，此处主要介绍二维码扫描功能的实现方式。二维码扫描功能实现代码如下所示。

```
/*
这个 activity 打开相机，在后台线程做常规的扫描。它绘制了一个结果 view 来帮助正确地显示条
形码，在扫描的时候显示反馈信息，然后在扫描成功的时候覆盖扫描结果
*/
public final class CaptureActivity extends Activity implements
    SurfaceHolder.Callback {
    private static final String TAG = CaptureActivity.class.getSimpleName();
    //相机控制
    private CameraManager cameraManager;
```

```
private CaptureActivityHandler handler;
private ViewfinderView viewfinderView;
private boolean hasSurface;
private IntentSource source;
private Collection<BarcodeFormat> decodeFormats;
private Map<DecodeHintType, ?> decodeHints;
private String characterSet;
//电量控制
private InactivityTimer inactivityTimer;
//声音、震动控制
private BeepManager beepManager;
private ImageButton imageButton_back;
public ViewfinderView getViewfinderView() {
    return viewfinderView;
}
public Handler getHandler() {                    //调用 handler 线程
    return handler;
}
public CameraManager getCameraManager() {        //检测设备的系统服务
    return cameraManager;
}
public void drawViewfinder() {                   //绘制扫码框
    viewfinderView.drawViewfinder();
}
```

运行效果如图 3.24 所示。

图 3.24　运行效果图

第四步：照相机的辅助类，代码如下所示。

```
/*
    onCreate()中初始化一些辅助类，如 InactivityTimer(休眠)、Beep(声音)以及 AmbientLight(闪光灯)
*/
    @Override
    public void onCreate(Bundle icicle) {
        super.onCreate(icicle);
        // 保持 Activity 处于唤醒状态
        Window window = getWindow();
    window.addFlags(WindowManager.LayoutParams.FLAG_KEEP_SCREEN_ON);
        setContentView(R.layout.capture);
        hasSurface = false;
        inactivityTimer = new InactivityTimer(this);            //初始化定时器
        beepManager = new BeepManager(this);
        //在二维码解码成功时，播放"bee"的声音，同时还可以震动
            imageButton_back = (ImageButton) findViewById(
            R.id.capture_imageview_back);
            imageButton_back.setOnClickListener(new View.OnClickListener() {
                @Override
                public void onClick(View v) {
                    finish();               }            });        }
@Override
protected void onResume() {
    super.onResume();
/*
    cameraManager 必须在这里初始化，而不是在 onCreate()中。因为当第一次进入时需要显示帮助页，
这时并不想打开 Camera，当测量屏幕大小扫描框的尺寸不正确时，会出现 bug
*/
    cameraManager = new CameraManager(getApplication());
    viewfinderView = (ViewfinderView) findViewById(R.id.viewfinder_view);
    viewfinderView.setCameraManager(cameraManager);
    handler = null;
  SurfaceView surfaceView = (SurfaceView) findViewById(R.id.preview_view);
    SurfaceHolder surfaceHolder = surfaceView.getHolder();
    if (hasSurface) {
        //activity 在 paused 时不会 stopped，因此 surface 仍旧存在
        //surfaceCreated()不会调用，因此在这里初始化 camera
        initCamera(surfaceHolder);
    } else {
```

```
            // 重置 callback，等待 surfaceCreated()来初始化 camera
            surfaceHolder.addCallback(this);
        }
        beepManager.updatePrefs();
        inactivityTimer.onResume();
        source = IntentSource.NONE;
        decodeFormats = null;
        characterSet = null;
    }
    @Override
    protected void onPause() {
        if (handler != null) {
            handler.quitSynchronously();
            handler = null;
        }
```

第五步：重新唤起相机定时器，代码如下所示。

```
inactivityTimer.onPause();                    //重新唤醒定时器
        beepManager.close();                  //关闭扫码成功后的震动以及提示音
        cameraManager.closeDriver();          //关闭检测设备的系统服务
        if (!hasSurface) {
    SurfaceView surfaceView = (SurfaceView) findViewById(R.id.preview_view);
    SurfaceHolder surfaccHolder = surfaceView.getHolder();
    surfaceHolder.removeCallback(this);
        }
        super.onPause();
    }
    @Override
    protected void onDestroy() {
        inactivityTimer.shutdown();
        super.onDestroy();
    }
    @Override
    public void surfaceCreated(SurfaceHolder holder) {
        if (!hasSurface) {
            hasSurface = true;
            initCamera(holder);
        }    }
    @Override
    public void surfaceDestroyed(SurfaceHolder holder) {
```

```
            hasSurface = false;
        }
        @Override
        public void surfaceChanged(SurfaceHolder holder, int format, int width, int height) {
        }
```

第六步：在 sqlite 包中创建数据库文件 **SQLiteHelper.java**，并在数据库文件中添加学生及教师信息和数据库查询方法，设计数据库并插入数据代码如下所示。

```
    public class SQLiteHelper extends SQLiteOpenHelper {
        private static final int DB_VERSION = 1;
        public static String DB_NAME = "info.db";
        //创建数据库表
        public SQLiteHelper(Context context) {
            super(context, DB_NAME, null, DB_VERSION);
        }
        @Override
        public void onCreate(SQLiteDatabase db) {
            //创建学生表
            db.execSQL("create table students(stunumber text,stuname text,classname text,classroom
text,classtime text,signinfo text)");
            //添加信息数据
            db.execSQL("insert into students values('2016022410101','刘汉文','软件(1)班','A 座 3 楼 403','
周二，周四 8:00—11:50','0')");
            db.execSQL("insert into students values('2016022410102','王德坤','软件(1)班','A 座 3 楼 403','
周二，周四 8:00—11:50','0')");
            db.execSQL("insert into students values('2016022410103','王清仙','软件(1)班','A 座 3 楼 403','
周二，周四 8:00—11:50','0')");
            db.execSQL("insert into students values('2016022410104','袁伟志','软件(1)班','A 座 3 楼 403','
周二，周四 8:00—11:50','0')");
            db.execSQL("insert into students values('2016022410105','高金湘','软件(1)班','A 座 3 楼 403','
周二，周四 8:00—11:50','0')");
            db.execSQL("insert into students values('2016022410106','程天震','软件(1)班','A 座 3 楼 403','
周二，周四 8:00—11:50','0')");
            db.execSQL("insert into students values('2016022410107','顾雅超','软件(1)班','A 座 3 楼 403','
周二，周四 8:00—11:50','0')");
            db.execSQL("insert into students values('2016022410108','刘顺','软件(1)班','A 座 3 楼 403','周
二，周四 8:00—11:50','0')");
            db.execSQL("insert into students values('2016022410109','刘振壹','软件(1)班','A 座 3 楼 403','
周二，周四 8:00—11:50','0')");
```

```
        db.execSQL("insert into students values('2016022410110','靳辉','软件(1)班','A 座 3 楼 403','周
二，周四 8:00—11:50','0')");
        db.execSQL("insert into students values('2016022410111','赵晓培','软件(1)班','A 座 3 楼 403','
周二，周四 8:00—11:50','0')");
        db.execSQL("insert into students values('2016022410112','秦丹鹭','软件(1)班','A 座 3 楼 403','
周二，周四 8:00—11:50','0')");
        db.execSQL("insert into students values('2016022410113','田晓君','软件(1)班','A 座 3 楼 403','
周二，周四 8:00—11:50','0')");
        db.execSQL("insert into students values('2016022410114','范晓晶','软件(1)班','A 座 3 楼 403','
周二，周四 8:00—11:50','0')");
        db.execSQL("insert into students values('2016022410115','刘淼淼','软件(1)班','A 座 3 楼 403','
周二，周四 8:00—11:50','0')");
        db.execSQL("insert into students values('2016022410116','东梓璇','软件(1)班','A 座 3 楼 403','
周二，周四 8:00—11:50','0')");
        db.execSQL("insert into students values('2016022410117','侯莎','软件(1)班','A 座 3 楼 403','周
二，周四 8:00—11:50','0')");
        db.execSQL("insert into students values('2016022410118','赵雅琪','软件(1)班','A 座 3 楼 403','
周二，周四 8:00—11:50','0')");
        db.execSQL("insert into students values('2016022410119','杨婧瑶','软件(1)班','A 座 3 楼 403','
周二，周四 8:00—11:50','0')");
        db.execSQL("insert into students values('2016022410120','黄饶','软件(1)班','A 座 3 楼 403','周
二，周四 8:00—11:50','0')");
        db.execSQL("insert into students values('2016022410121','王美如','软件(1)班','A 座 3 楼 403','
周二，周四 8:00—11:50','0')");
        db.execSQL("insert into students values('2016022410122','韩佳文','软件(1)班','A 座 3 楼 403','
周二，周四 8:00—11:50','0')");
        db.execSQL("insert into students values('2016022410123','王英杰','软件(1)班','A 座 3 楼 403','
周二，周四 8:00—11:50','0')");
        db.execSQL("insert into students values('2016022410124','栗浩博','软件(1)班','A 座 3 楼 403','
周二，周四 8:00—11:50','0')");
        db.execSQL("insert into students values('2016022410125','高帅帅','软件(1)班','A 座 3 楼 403','
周二，周四 8:00—11:50','0')");
        db.execSQL("insert into students values('2016022410126','罗智超','软件(1)班','A 座 3 楼 403','
周二，周四 8:00—11:50','0')");
        db.execSQL("insert into students values('2016022410127','庞宇辉','软件(1)班','A 座 3 楼 403','
周二，周四 8:00—11:50','0')");
        db.execSQL("insert into students values('2016022410128','白睿学','软件(1)班','A 座 3 楼 403','
周二，周四 8:00—11:50','0')");
```

```
        db.execSQL("insert into students values('2016022410129','周唯','软件(1)班','A 座 3 楼 403','周
二，周四 8:00—11:50','0')");
        db.execSQL("insert into students values('2016022410130','郭霄云','软件(1)班','A 座 3 楼 403','
周二，周四 8:00—11:50','0')");
        db.execSQL("insert into students values('2016022410131','杨翼飞','软件(1)班','A 座 3 楼 403','
周二，周四 8:00—11:50','0')");
        db.execSQL("insert into students values('2016022410132','宋培庆','软件(1)班','A 座 3 楼 403','
周二，周四 8:00—11:50','0')");
        db.execSQL("insert into students values('2016022410133','向东方','软件(1)班','A 座 3 楼 403','
周二，周四 8:00—11:50','0')");
        db.execSQL("insert into students values('2016022410134','王坤鹏','软件(1)班','A 座 3 楼 403','
周二，周四 8:00—11:50','0')");
        db.execSQL("insert into students values('2016022410135','管成龙','软件(1)班','A 座 3 楼 403','
周二，周四 8:00—11:50','0')");
        //创建教师表
        db.execSQL("create table teachers(ternumber text,tername text,porfessinfo text,classname
text,classroom text,classnumber text,mail text,tel text,address text)");
        db.execSQL("insert into teachers values('2016104231','赵旭','Android 高级应用','软件(1)班','A
座 3 楼 403','35','miao33256@163.com','15071715623','天津市河东区')");
        db.execSQL("insert into teachers values('2016104232','樊凡','Android 企业实践','软件(1)班','A
座 3 楼 403','35','fan256231@163.com','18199562314','天津市河东区')");
        //创建签到表
        db.execSQL("create table signs(datatime text,stunumber text,signinfo text)");
    }
//签到表数据添加语句
public void doInsert(String datatime,String stunumber,String signinfo){
    String sql = "insert into signs values('"+datatime+"','"+stunumber+"','"+signinfo+"')";
    getWritableDatabase().execSQL(sql);
}
//学生表签到信息更新语句
public void doUpdate1(String signinfo,String stunumber){
    String sql = "update students set signinfo='"+signinfo+"' where stunumber='"+stunumber+"'";
    getWritableDatabase().execSQL(sql);
}
//签到表信息更新语句(根据学生学号更新签到状态)
public void doUpdate2(String signinfo,String stunumber){
    String sql = "update signs set signinfo='"+signinfo+"'where stunumber='"+stunumber+"'";
    getWritableDatabase().execSQL(sql);
}
```

```java
//签到表签到信息查询语句(根据时间和学生学号查询)
public Cursor doSignQuery(String datatime,String stunumber) {
    String sql = "select * from signs where datatime ='"+datatime+"'stunumber = '"+stunumber+"'";
    Cursor c = getReadableDatabase().rawQuery(sql, null);
    return c;
}
//签到表签到记录查询语句(根据时间查询)
public Cursor doSignQueys(String datatime) {
    String sql = "select count(*) from signs where datatime>'"+datatime+"'or datatime='"+datatime+"' ";
    Cursor c = getReadableDatabase().rawQuery(sql, null);
    return c;
}
//签到表签到记录查询语句(根据时间和学生学号查询)
public Cursor doSignQueys2(String datatime,String signinfio) {
    String sql = "select count(*) from signs where datatime > '"+datatime+"'
                    or datatime = '"+datatime+"' and signinfo = '"+signinfio+"'";
    Cursor c = getReadableDatabase().rawQuery(sql, null);
    return c;
}
//学生表所有学生信息查询语句
public Cursor doStudentQuey() {
    String sql = "select * from students";
    Cursor c = getReadableDatabase().rawQuery(sql, null);
    return c;
}
//学生表学生信息查询语句(根据学生学号查询)
public Cursor doStudentQueys(String stunumber) {
    String sql = "select * from students where stunumber = '"+stunumber+"'";
    Cursor c = getReadableDatabase().rawQuery(sql, null);
    return c;
}
//教师表教师信息查询(根据教师编号查询)
public Cursor doTeacherQueys(String ternumber ) {
    String sql = "select * from teachers where ternumber='" + ternumber + "'";
    Cursor c = getReadableDatabase().rawQuery(sql, null);
    return c;
}
//数据库版本更新，更新时才会调用
@Override
```

```
public void onUpgrade(SQLiteDatabase db, int oldVersion, int newVersion) {
        db.execSQL("drop if table exists students");
        db.execSQL("drop if table exists    teachers");
        onCreate(db);
    }
}
```

说明：数据库中共有三个表，每个表中的字段名称如表 3.9、表 3.10 和表 3.11 所示。

表 3.9 students 表结构

字段名	类型	中文名	是否为空	描述
stunumber	text	学生编号	否	—
stuname	text	学生姓名	否	—
classname	text	班级名称	否	—
classroom	text	教室地点	否	—
classtime	text	上课时间	否	—
signinfo	text	签到信息	否	—

表 3.10 teachers 表结构

字段名	类型	中文名	是否为空	描述
ternumber	text	教师编号	否	—
tername	text	教师姓名	否	—
porfessinfo	text	所授课程	否	—
classname	text	班级名称	否	—
classroom	text	教室地点	否	—
classnumber	text	上课人数	否	—
mail	text	电子邮件	否	—
tel	text	电话	否	—
address	text	地址	否	—

表 3.11 signs 表结构

字段名	类型	中文名	是否为空	描述
datatime	text	签到时间	否	—
stunumber	text	学生编号	否	—
signinfo	text	签到信息	否	—

第七步：成功扫描到数据后数据返回至 StudentActivity 界面，在此界面中从数据库中查找到该学生的详细信息，并显示在界面上，效果如图 3.25 所示。

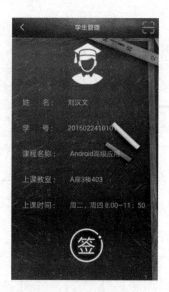

图 3.25　学生签到界面

扫描成功获取学生详细信息代码如下所示。

```java
public class StudentActivity extends AppCompatActivity {
    //初始化控件
    private ImageView img_student;
    private extView tv_student_name,tv_student_number,tv_student_classname,
                    tv_student_classroom,tv_student_classtime;
    private Button btn_sign;
    private TextView tv_main_title,tv_back,tv_scan;
    private static final String DECODED_CONTENT_KEY = "codedContent";
    private static final int REQUEST_CODE_SCAN = 0x0000;
    private String content,stuName,stuNumb,stuClass,stuClassTime,stuSign,stuSnumb;
    @Override
    protected void onCreate(Bundle savedInstanceState) {
        super.onCreate(savedInstanceState);
        setContentView(R.layout.activity_student);
        initview();
    }
    //查找相关控件
    private void initview() {
        tv_main_title=(TextView) findViewById(R.id.tv_main_title);
        tv_main_title.setText("学生管理");
        tv_back=(TextView) findViewById(R.id.tv_back);
        tv_scan = (TextView) findViewById(R.id.tv_scan);
        tv_scan.setVisibility(View.VISIBLE);
```

```
        tv_scan.setOnClickListener(new View.OnClickListener() {
        //点击扫码图片按钮跳转至扫码界面
          @Override
          public void onClick(View v) {
            Intent intent = new Intent(StudentActivity.this,CaptureActivity.class);
                onTakePhoto();
                startActivityForResult(intent,REQUEST_CODE_SCAN);
            }
        });
        //返回按钮，返回上个界面
        tv_back.setOnClickListener(new View.OnClickListener() {
        @Override
        public void onClick(View v) {
        StudentActivity.this.finish();
        startActivity(new Intent(StudentActivity.this,ChooseLoginActivity.class));
            }
        });
    tv_student_name = (TextView) findViewById(R.id.tv_student_name);
    tv_student_number = (TextView) findViewById(R.id.tv_student_number);
    tv_student_classroom = (TextView) findViewById(R.id.tv_student_classroom);
    tv_student_classname = (TextView) findViewById(R.id.tv_student_classname);
    tv_student_classtime = (TextView) findViewById(R.id.tv_student_classtime);
    img_student = (ImageView) findViewById(R.id.img_student);
    btn_sign = (Button) findViewById(R.id.btn_sign);
    }
    //此处添加权限申请代码
    //这里判断教师是否开启签到按钮
    private boolean readIscheckedStatus() {
        SharedPreferences sp=getSharedPreferences("State", MODE_PRIVATE);
        boolean isChecked=sp.getBoolean("ischecked", false);
        return isChecked;
    }
    //此处添加代码片段(代码段 1)
}
```

第八步：编写数据回调方法，代码如下所示。

```
//数据回调方法
  @Override
  protected void onActivityResult(int requestCode, int resultCode, Intent data) {
        super.onActivityResult(requestCode, resultCode, data);
```

```
            if (data!=null){
                content =data.getStringExtra(DECODED_CONTENT_KEY);
                Log.d("*******扫描到的数据******",content);
//将扫描数据通过数据库查询学生详细信息
            final SQLiteHelper helper = new SQLiteHelper(StudentActivity.this);
                if (content!=null&&content.indexOf("20160224101")!=-1) {
                    Cursor c = helper.doStudentQueys(content);
                    while (c.moveToNext()) {
                        stuNumb = c.getString(0);
                        stuName = c.getString(1);
                        stuClass = c.getString(3);
                        stuClassTime = c.getString(4);
                        stuSign = c.getString(5);
                    }
//数据库中内容填充控件
                    tv_student_name.setText(stuName);
                    tv_student_number.setText(stuNumb);
                    tv_student_classname.setText("Android 高级应用");
                    tv_student_classroom.setText(stuClass);
                    tv_student_classtime.setText(stuClassTime);
                        btn_sign.setBackgroundResource(R.drawable.ic_action_tick);
//签到按钮，保存学生签到信息到数据库
                        btn_sign.setOnClickListener(new View.OnClickListener() {
                        @Override
                        public void onClick(View v) {
                         if (readIscheckedStatus()) {
                            if (tv_student_number.getText().toString() != null) {
                                helper.doUpdate1("1", tv_student_number.getText().toString());
                                helper.doUpdate2("1", tv_student_number.getText().toString());
                                helper.close();
//初始化 Dialog 对话框
final AlertDialog.Builder builder = new
AlertDialog.Builder(StudentActivity.this);
//设置 Dialog 对话框图标
builder.setIcon(android.R.drawable.ic_dialog_info);
//设置 Dialog 对话框提示信息
builder.setTitle("签到提示！");
//设置 Dialog 对话框显示信息
builder.setMessage("签到成功！");
```

```
//显示对话框
final AlertDialog dialog = builder.show();
//初始化 handler
Handler handler = new Handler();
handler.postDelayed(new Runnable() {
    @Override
    public void run() {
//3 秒后关闭对话框
        dialog.dismiss();
    }
},3000);
                        Toast.makeText(StudentActivity.this, "签到成功！",
                            Toast.LENGTH_SHORT).show();
                        btn_sign.setBackgroundResource(R.drawable.timg);
                    } else {
                        Toast.makeText(StudentActivity.this, "请先扫码登录！",
                            Toast.LENGTH_SHORT).show();
                    }
                    }else {
                        Toast.makeText(StudentActivity.this, "请教师打开签到开关！",
                            Toast.LENGTH_SHORT).show();
                    }}});
                c.close();
                helper.close();
                } else {
                    btn_sign.setBackgroundResource(R.drawable.timg);
                    btn_sign.setOnClickListener(new View.OnClickListener() {
                        @Override
                        public void onClick(View v) {
                            Toast.makeText(StudentActivity.this, "该学生已签到！",
                                Toast.LENGTH_SHORT).show();
                        }});}}
            else {
                Toast.makeText(StudentActivity.this,"无该学生，请重新扫描",
                    Toast.LENGTH_SHORT).show();
            }}
```

　　第九步：数据库信息添加后，在 StudentInfoActivity.java 文件中获取教师个人信息数据并显示在界面上，教师个人信息界面数据读取代码如下所示。

```
public class TeacherInfoActivity extends AppCompatActivity implements View.OnClickListener {
```

```
//初始化控件
private TextView tv_back;
private TextView tv_main_title;
private String spUserName;
private TextView tv_teacher_name,tv_nick_name,tv_teacher_email,tv_teacher_tel, tv_teacher_address;
private String teacherName,teacherNick,teacherEmail,teacherTel,teacherAddress;
@Override
protected void onCreate(Bundle savedInstanceState) {
    super.onCreate(savedInstanceState);
    setContentView(R.layout.activity_user_info);
  setRequestedOrientation(ActivityInfo.SCREEN_ORIENTATION_PORTRAIT);
    //从 SharedPreferences 中获取登录时的用户名
    spUserName = AnalysisUtils.readLoginUserName(this);
    initview();
    Queryinfo();
    setListener();
}
private void initview() {
    tv_back = (TextView) findViewById(R.id.tv_back);
    tv_main_title = (TextView) findViewById(R.id.tv_main_title);
    tv_main_title.setText("个人信息");
    tv_teacher_name = (TextView) findViewById(R.id.tv_teacher_name);
    tv_nick_name = (TextView) findViewById(R.id.tv_nick_name);
    tv_teacher_email = (TextView) findViewById(R.id.tv_teacher_email);
    tv_teacher_tel = (TextView) findViewById(R.id.tv_teacher_tel);
    tv_teacher_address = (TextView) findViewById(R.id.tv_teacher_address);
}
//查询数据库中教师信息并显示在界面
private void Queryinfo() {
    SQLiteHelper helper = new SQLiteHelper(TeacherInfoActivity.this);
    Cursor c = helper.doTeacherQueys(spUserName);
    while (c.moveToNext()){
        teacherName = c.getString(1);
        teacherNick = c.getString(2);
        teacherEmail = c.getString(6);
        teacherTel = c.getString(7);
        teacherAddress = c.getString(8);
    }
    tv_teacher_name.setText(teacherName);
```

```
            tv_nick_name.setText(teacherNick);
            tv_teacher_email.setText(teacherEmail);
            tv_teacher_tel.setText(teacherTel);
            tv_teacher_address.setText(teacherAddress);
            helper.close();
            c.close();
        }
        /**
         * 设置控件的点击监听事件
         */
        private void setListener() {
            tv_back.setOnClickListener(this);
        }
        @Override
        public void onClick(View v) {
            switch (v.getId()) {
                case R.id.tv_back:                //返回键的点击事件
                    this.finish();
                    break;
        }}}
```

【习题】

一、选择题

1. 下列 SQLite 叙述不正确的是(　　)。

A. SQLite 是一款轻量级的关系型数据库

B. SQLite 的设计目标是嵌入式的

C. SQLite 只支持 Windows 操作系统

D. SQLite 不仅支持标准的 SQL 语句，还遵守 ACID 的关系型数据库管理系统

2. Android 用来存储数据的数据库是(　　)。

A. TomCat　　　　B. SQLite　　　　C. Oracle　　　　D. MySql

3. 下列不是 Dialog 类型的是(　　)。

A. AlertDialog　　　　　　　　B. ogressDialog

C. DatePickerDialog　　　　　　D. setMultiChoiceItems

4. 下面(　　)不属于 AlertDialog 设置窗口的方法。

A. setTitle()　　　B. setIcon()　　　C. setMessage()　　　D. setCount()

5. DDMS 中 Log 信息分为(　　)个级别。

A. 3　　　　　　B. 4　　　　　　C. 5　　　　　　D. 7

二、填空题

1. SQLite 是一款_____的关系型数据库，它不仅支持标准的 SQL 语句，还遵守 ACID 的_____数据库管理系统。

2. Dialog 是 Android 开发过程中最常用的组件之一，它包括以下几种类型：警告对话框、_____、日期选择对话框、_____、时间选择对话框。

3. Dialog 的创建方式有两种：第一种是 new 一个 Dialog 对象，调用 Dialog 对象的 show() 和 dismiss() 方法控制对话框的显示和隐藏；第二种是在 Activity 的_____方法中创建 Dialog 对象并返回，调用 Activity 的 showDialog(int id) 和 dismissDialog(int id) 来显示和隐藏对话框。

4. AlertDialog 的构造方法都是 Protected(有保护的)，不能直接新建 AlertDialog，要使用 AlertDialog.Bulider 中的_____方法来创建一个弹窗窗口。

5. Android 提供了 SQLiteDatabase，代表一个数据库，通常在移动平台上使用_____工具类创建或打开数据库。

三、上机题

创建一个 SQLite 数据库，实现数据的增、删、改、查方法。

【任务总结】

◇ Zxing 库主要支持以下几个功能：调用摄像头进行扫码并读取图片内容、读取相册中二维码内容、根据用户输入字符生成二维码、长按识别生成的二维码等。

◇ AlertDialog 的构造方法都是 Protected(有保护的)，不能直接新建 AlertDialog，要使用 AlertDialog.Bulider 中的 create() 方法来创建一个弹窗窗口。

◇ 通常在移动平台上使用 SQLiteDatabase(SQLiteDatabase 既代表与数据库的连接，也可以用于执行 SQL 语句操作)工具类创建或打开数据库。

学习情境四　学生签到信息统计模块开发

工作任务一　学生签到信息统计界面设计

【问题导入】

为了加强学生的课堂管理，教师都需要实时查看学生的考勤情况。以往都是使用纸质版花名册进行勾选，不能有效地对学生进行管理，那么如何才能快速、准确、清晰地统计出学生考勤情况呢？

【学习目标】

通过学生签到信息统计界面的开发，了解如何使用 ListView 列表显示数据，学习 GridView 网格显示信息的方法，掌握高级控件的应用技巧，具备开发数据多种显示方式的能力。

【任务描述】

为了能够直观地显示出学生的签到状况，开发人员提出了在"优签到"APP 上添加签到详情模块，该模块主要以文本列表和照片网格两种模式实时显示学生的签到情况。通过基础控件设计签到详情模块界面的全局，然后使用 ListView 组件设计文本列表显示模式。而照片网格显示模式则是通过 GridView 组件进行设计，将学生照片以行列结构显示在界面中。本任务主要介绍如何使用 ListVew 和 GridView 组件设计出一个符合"优签到"APP 的学生签到信息统计界面。

该任务的基本框架如图 4.1、图 4.3 所示，最终实现的效果如图 4.2、图 4.4 所示。

图 4.1　基本框架图一

图 4.2　签到详情界面效果图一

图 4.3　基本框架图二

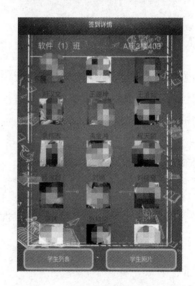

图 4.4　签到详情界面效果图二

【知识与技能】

技能点 1　适配器

　　Android 中的适配器就像显示器，把复杂的东西按照人们可以接受的方式来展现。简单地说，适配器就是把一些数据信息通过适当的模式动态地填充在各种 ListView 上。它所操作的数据一般都是一些比较复杂的数据，界面是有一定规律的 View。在开发过程中，常用的适配器有 ArrayAdapter、SimpleAdapter 和 SimpleCursorAdapter 三个，它们都继承于 BaseAdapter。本节重点讲解 SimpleAdapter。

1．Adapter

Adapter 本身是一个接口，派生了两个子接口：ListAdapter 和 SpinnerAdapter。Adapter 接口及实现类继承关系如图 4.5 所示。

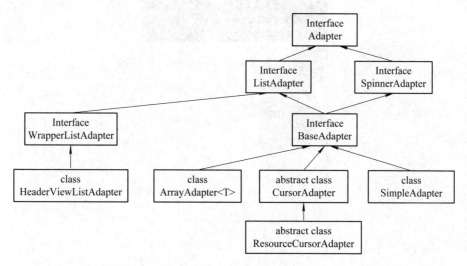

图 4.5　Adapte 关系继承图

从图 4.5 中可看出，大多数 Adapter 都继承了 BaseAdapter，而 BaseAdapter 同时实现了 ListAdapter 和 SpinnerAdapter 接口。

2．SimpleAdapter

1）SimpleAdapter 简介

SimpleAdapter 是一个简单的适配器，可以将静态数据映射到 XML 文件中定义好的视图上，还可以指定由 Map 组成 List(比如 ArrayList)类型的数据，在 ArrayList 中的每个条目都对应 List 中的一行。SimpleAdapter 具有良好的扩充性，可以自定义出各种效果。

2）SimpleAdapter 的参数及含义

SimpleAdapter 的构造函数代码如下：

```
public SimpleAdapter (Context context, List<? extends Map<String, ?>> data, int resource, String[] from, int[] to)
```

只要认识了 SimpleAdapter 的参数含义，使用起来就简单多了，根据代码，其参数说明如下所示：

- Context context 表示访问整个 Android 应用程序接口，基本上所有的组件都需要；
- List<? extends Map<String, ?>> data 表示生成一个 Map(String ,Object)列表选项；
- int resource 表示界面布局的 id，表示该文件作为列表项的组件；
- String[] from 表示该 Map 对象的哪些 key 对应 value 来生成列表项；
- int[] to 表示来填充的组件 Map 对象 key 对应的资源，依次填充的组件顺序有对应关系。

注意：Map 对象 key 可以找不到，但组件必须要有资源填充，因为找不到 key 也会返回 null，其相当于一个 null 资源。

3) SimpleAdapter 的使用

利用所学内容设计一个聊天界面，如图 4.6 所示。

图 4.6　聊天界面

从聊天的模式可知，整个窗口就是一个 ListView，其中每一行用聊天的内容填充 ListView。ListView 也可以使用最基本的 ArrayAdapter 填充，但是每一行只能填充文本。在聊天时除了文本还有头像等，所以这里就要使用到 SimpleAdapter，具体方法及步骤如下。

第一步：新建 Android 项目，命名为 AndroidDemo_4.1.1。

第二步：在主界面添加一个 ListView 控件，代码如下所示。

```xml
<?xml version="1.0" encoding="utf-8"?>
<LinearLayout xmlns:android="http://schemas.android.com/apk/res/android"
    xmlns:app="http://schemas.android.com/apk/res-auto"
    xmlns:tools="http://schemas.android.com/tools"
    android:layout_width="fill_parent"
    android:layout_height="fill_parent"
    android:orientation="vertical"
    android:background="@drawable/bg"
    tools:context="com.example.administrator.simpleadapter.MainActivity">
    <ListView
        android:layout_width="fill_parent"
        android:layout_height="fill_parent"
        android:id="@+id/chatlist">
    </ListView>
```

```
</LinearLayout>
```

第三步：新建布局文件 item.xml，界面中添加图片(头像)和文本框(聊天内容)两个控件，代码如下所示。

```xml
<?xml version="1.0" encoding="utf-8"?>
<LinearLayout xmlns:android="http://schemas.android.com/apk/res/android"
    android:layout_width="fill_parent"
    android:layout_height="wrap_content"
    android:orientation="horizontal"
    android:paddingTop="5px">
//图片(头像)
    <ImageView
        android:layout_width="42px"
        android:layout_height="42px"
        android:layout_gravity="top"
        android:id="@+id/imgPortraitA"
        android:background="@drawable/portraita"/>
//文本框(聊天内容)
    <TextView
        android:layout_width="wrap_content"
        android:layout_height="wrap_content"
        android:id="@+id/txvInfo"
        android:paddingTop="5px"
        android:paddingBottom="5px"
        android:paddingLeft="5px"
        android:textSize="18dp"
        android:background="@drawable/chatbg"
        android:textColor="@android:color/black"/>
</LinearLayout>
```

第四步：编写 MainActivity 代码，添加数据和适配器，代码如下所示。

```java
public class MainActivity extends AppCompatActivity {
    ListView itemlist = null;
    List<Map<String,Object>> list;
    @Override
    protected void onCreate(Bundle savedInstanceState) {
        super.onCreate(savedInstanceState);
        setContentView(R.layout.activity_main);
        itemlist = (ListView) findViewById(R.id.chatlist);
        refreshListItems();
```

```
        }
        private void refreshListItems() {
            list = buildListForSimpleAdapter();
            //实例适配器
            SimpleAdapter chat = new SimpleAdapter(this,list,R.layout.item,new String[]{"chatportrait",
"chatinfo"}, new int[]{R.id.imgPortraitA,R.id.txvInfo});
            itemlist.setAdapter(chat);
            itemlist.setSelection(0);
        }
        //用来实例化列表容器的函数
        private List<Map<String,Object>> buildListForSimpleAdapter() {
            List<Map<String,Object>> list = new ArrayList<Map<String, Object>>(2);
            ImageView imgA = (ImageView) findViewById(R.id.imgPortraitA);
            //向列表容器中添加数据(每列包括一个头像和聊天信息)
            Map<String, Object> map = new HashMap<String, Object>();
            map.put("chatportrait",imgA);
            map.put("chatinfo", "嗨~");
            list.add(map);
            map = new HashMap<String, Object>();
            map.put("chatportrait",imgA);
            map.put("chatinfo", "嗨~\n 你好！");
            list.add(map);
            map = new HashMap<String, Object>();
            map.put("chatportrait",imgA);
            map.put("chatinfo", "嗨~\n 你好！\n 我是小魏~");
            list.add(map);
            return list;
        }
    }
```

运行程序实现效果如图 4.6 所示。

技能点 2　使用列表设计界面

1. ListView 的属性

ListView 是 Android 中常用的控件之一，经常与适配器一起配合使用。它是以列表的形式来展示内容，且能够根据数据的长度自适应显示。

ListView 在使用的过程中可以引用 values 目录下的 array.xml 数组元素，也可以引用代码中自定义的数组元素，每行数据为一条 Item。ListView 的相关属性如表 4.1 所示。

表 4.1　ListView 的相关属性

属性名称	属性说明
android:divder	每条 Item 之间的分割线
android:divderHeight	分割线的高度
android:entries	引用一个将使用在此 ListView 里的数组，该数组定义在 values 目录下的 array.xml 文件中
android:footerDivdersEnabled	默认值为 true，设为 flase 时，此 ListView 将不会在页脚视图前画分隔符
android:headerDivdersEnabled	默认值为 true，设为 flase 时，此 ListView 将不会在页眉视图前画分隔符

2. ListView 的使用

使用 ListView 时，所有列表项都是以垂直的形式显示的。编写程序时，生成列表视图的方式有以下两种：

(1) 直接使用 ListView 进行创建。

```
ListView listView = new ListView(this);
```

(2) 让 Activity 继承 ListView。

```
public class Activity extends ListView{
public static void main(String[] args){
    //TODO Auto-generated method stub
    }
}
```

ListView 列表的显示需要以下三个元素。

- ListView：用来展示列表的 View；
- 适配器：用来把数据映射到 ListView 上的中介；
- 数据：被映射的字符串、图片或者组件等。

使用 ListView 显示学生信息界面的实现效果如图 4.7 所示，具体方法及步骤如下。

第一步：新建 Android 项目，命名为 AndroidDemo_4.1.2。

第二步：定义一个实体类 Student，作为 ListView 适配器的适配类型。

```
public class Student {
    private String name;
    private int age;
    private String class_name;
    public Student(String name, int age, String class_name){
        this.name=name;
        this.age=age;
```

图 4.7　学生信息界面效果图

```
            this.class_name=class_name;
        }
    public String getName() {
            return name;
        }
    public int getAge() {
            return age;
        }
    public String getClass_name() {
            return class_name;
        }
    }
```

第三步：为 ListView 的子项指定一个自定义的布局 student_item.xml，显示 ListView 的每个 Item。

```
<?xml version="1.0" encoding="utf-8"?>
<LinearLayout xmlns:android="http://schemas.android.com/apk/res/android"
    android:layout_width="match_parent"
    android:layout_height="wrap_content">
    <TextView
        android:id="@+id/student_name"
        android:gravity="center"
        android:layout_weight="1"
        android:text="姓名"
        android:layout_width="0dp"
        android:layout_height="50dp" />
    <TextView
        android:id="@+id/student_age"
        android:gravity="center"
        android:layout_weight="1"
        android:text="年龄"
        android:layout_width="0dp"
        android:layout_height="50dp" />
    <TextView
        android:id="@+id/student_class_name"
        android:gravity="center"
        android:layout_weight="1"
        android:text="班级"
        android:layout_width="0dp"
```

```
                android:layout_height="50dp" />
    </LinearLayout>
```

第四步：为 ListView 新建适配器 StudentAdapter。StudentAdapter 继承于 BaseAdapter。BaseAdapter 为最基本的适配器，它有四个重写方法，分别是 getCount()、getItem()、getItemId() 和 getView()。

- getCount()：要绑定的条目的数目，比如格子的数量；
- getItem()：根据一个索引(位置)获得该位置的值；
- getItemId()：获取条目的 id；
- getView ()：获取该条目要显示的界面。

可以简单地理解为：Adapter 先从 getCount()方法里确定数量，然后循环执行 getView() 方法将条目一个一个的绘制出来，所以必须重写的是 getCount()和 getView()方法。而 getItem()和 getItemId()是调用某些函数才会触发的方法，如果不需要使用可以暂时不修改。

```java
public class StudentAdapter extends BaseAdapter {
    private Context context;
    private int resourceId;
    private List<Student> objects;
    //重写父类的构造函数
    //ListView 子项布局的 id 数据都传递进来
    public StudentAdapter(Context context, int resourceId, List<Student> objects) {
        this.context = context;
        this.resourceId = resourceId;
        this.objects = objects;
    }
    //绑定条目的数目
    @Override
    public int getCount() {
        //返回数据的总条数
        return objects.size();
    }
    //根据索引获得该位置的对象
    @Override
    public Object getItem(int position) {
        return objects.get(position);
    }
    //获取条目的 ID
    @Override
    public long getItemId(int position) {
        return position;
```

```
        }
        //获取该条目所要显示的界面
        @Override
        public View getView(int position, View convertView, ViewGroup parent) {
            //获取当前项的 Studeng 实例
            Student student= (Student) getItem(position);
            //实例化对象(使用 Inflater 对象将布局文件解析成一个 View)
            View view= LayoutInflater.from(context).inflate(resourceId,parent,false);
            ViewHolder viewHolder;
            if(convertView==null){
                viewHolder=new ViewHolder();
                //获取布局中的控件
        viewHolder.studentName=(TextView)view.findViewById(R.id.student_name);
        viewHolder.studentAge=(TextView)view.findViewById(R.id.student_age);
        viewHolder.StudentClass_name=(TextView)view.findViewById(
                        R.id.student_class_name);
                view.setTag(viewHolder);
            }else{
                view=convertView;
                viewHolder=(ViewHolder)view.getTag();
            }
            //在控件中添加数据
            viewHolder.studentName.setText(student.getName());
            viewHolder.studentAge.setText(String.valueOf(student.getAge()));
            viewHolder.StudentClass_name.setText(student.getClass_name());
            return view;
        }
    }
    class ViewHolder{
        TextView studentName;
        TextView studentAge;
        TextView StudentClass_name;
    }
```

注意：在代码中用到了 ViewHolder，其通常出现在适配器中。使用 ViewHolder 可以在 ListView 滚动时快速设置值，而不必每次都重新创建很多对象。使用 ViewHolder 进行了性能优化，减少不必要的重复操作。ViewHolder 是一个内部类，其中包含了单个项目布局中的各个控件。

第五步：编写 ListView 显示界面。

```xml
<?xml version="1.0" encoding="utf-8"?>
<LinearLayout xmlns:android="http://schemas.android.com/apk/res/android"
    xmlns:app="http://schemas.android.com/apk/res-auto"
    xmlns:tools="http://schemas.android.com/tools"
    android:layout_width="match_parent"
    android:layout_height="match_parent"
    tools:context="com.example.administrator.listview.MainActivity">
    <ListView
        android:id="@+id/lv_list"
        android:layout_width="match_parent"
        android:layout_height="match_parent"></ListView>
</LinearLayout>
```

第六步：编写 MainActivity，初始化学生数据。

```java
public class MainActivity extends AppCompatActivity {
    List<Student> studentList = new ArrayList<>();
    @Override
    protected void onCreate(Bundle savedInstanceState) {
        super.onCreate(savedInstanceState);
        setContentView(R.layout.activity_main);
        initStudent();              //初始化学生数据
        //调用适配器方法，传入必要参数
        StudentAdapter adapter = new StudentAdapter(
        MainActivity.this,R.layout.student_item,studentList);
        ListView listView = (ListView) findViewById(R.id.lv_list);
        listView.setAdapter(adapter);
    }
    private void initStudent() {
            Student s1=new Student("小明",18,"三年一班");
            studentList.add(s1);
            Student s2=new Student("小花",17,"三年一班");
            studentList.add(s2);
            Student s3=new Student("小强",19,"三年一班");
            studentList.add(s3);
            Student s4=new Student("小刚",18,"三年一班");
            studentList.add(s4);
            Student s5=new Student("小丽",19,"三年一班");
            studentList.add(s5);
            Student s6=new Student("小翠",17,"三年一班");
```

```
        studentList.add(s6);
    }
}
```

运行程序，实现效果如图 4.7 所示。

技能点 3　GridView 操作与使用

GridView 又称网格视图，是 Android 中常用的多控件布局之一，通常与适配器配合使用。它将所获取的数据以网格的形式展示在界面上。与 ListView 相比较，其是一种更为高级的数据显示控件。

1. GridView 的属性

GridView 在使用的过程中可以自行定义显示数据的列数，并且对每行、每列的数据可以做到适配显示。GridView 的相关属性如表 4.2 所示。

表 4.2　GridView 属性

属性名称	属 性 说 明
android:numColumns	设置列数，auto_fit 为自动
android:columnWidth	设置每列的宽度(Item 的宽度)
android:stretchMode	缩放与列宽大小，默认为 columnWidth
android:verticalSpacing	垂直边距
android:horizontalSpacing	水平边距

2. GridView 的使用

GridView 与 ListView 的使用方法基本一致，不同的只是布局。当数据以网格形式显示时，就证明是 GridView 控件。GridView 的使用方式有两种：

(1) 直接使用 GridView 进行创建。

```
GridView gridview = new GridView(this);
```

(2) 让 Activity 继承 GridView。

```
public class Activity extends GridView{
public static void main(String[] args){
    //TODO Auto-generated method stub
    }
}
```

在使用 GridView 时，需注意的是 GridView 列表的显示需要以下三个元素：

- GridView：用来展示网格的 View；
- 适配器：用来把数据映射到 GridView 上的中介；
- 数据：被映射的字符串、图片或者组件等。

使用 GridView 显示照片网格应用信息的实现效果如图 4.8 所示，具体方法及步骤如下。

图 4.8 照片网格界面效果图

第一步：新建 Android 项目，命名为 AndroidDemo_4.1.3。

第二步：设计主布局文件 activity_main.xml。

```
<LinearLayout xmlns:android="http://schemas.android.com/apk/res/android"
    xmlns:tools="http://schemas.android.com/tools"
    android:layout_width="match_parent"
    android:layout_height="match_parent"
    android:background="#000"
    tools:context="com.example.l7.MainActivity" >
    <GridView
        android:id="@+id/gridview"
        android:layout_width="match_parent"
        android:layout_height="wrap_content"
        android:columnWidth="80dp"
        android:stretchMode="spacingWidthUniform"
        android:numColumns="3"
        />
</LinearLayout>
```

第三步：为 GridView 的子项指定一个自定义的布局 gridview_item.xml，显示 GridView 的每个 Item。

```
<LinearLayout xmlns:android="http://schemas.android.com/apk/res/android"
    xmlns:tools="http://schemas.android.com/tools"
    android:layout_width="wrap_content"
    android:layout_height="wrap_content"
```

```
            android:orientation="vertical" >
            <ImageView
                android:id="@+id/img"
                android:layout_width="60dp"
                android:layout_height="60dp"
                android:layout_gravity="center"
                android:layout_marginTop="10dp"
                android:src="@drawable/ic_launcher" />
            <TextView
                android:id="@+id/text"
                android:layout_width="wrap_content"
                android:layout_height="wrap_content"
                android:layout_marginTop="2dp"
                android:layout_gravity="center"
                android:textColor="#000"
                android:text="文字"
                />
        </LinearLayout>
```

第四步：在 MainActivity.java 中编写 initData()方法，整理填充数据内容。

```
Public void initData() {
        //图标
        int icno[] = { R.drawable.i1, R.drawable.i2, R.drawable.i3,
                R.drawable.i4, R.drawable.i5, R.drawable.i6, R.drawable.i7,
                R.drawable.i8, R.drawable.i9, R.drawable.i10, R.drawable.i11, R.drawable.i12 };
        //图标下的文字
        String name[]={"时钟","信号","宝箱","秒钟","大象","FF","记事本","书签","印象","商店","主题","迅雷"};
        dataList = new ArrayList<Map<String, Object>>();
        for (int i = 0; i <icno.length; i++) {
            Map<String, Object> map=new HashMap<String, Object>();
            map.put("img", icno[i]);
            map.put("text",name[i]);
            dataList.add(map);
        }    }
```

第五步：编写 MainActivity，实现数据界面显示(这里使用 SimpleAdapter 公共适配器进行数据展示)。

```
public class MainActivity extends Activity {
    private GridView gridView;
    private List<Map<String, Object>> dataList;
```

```
private SimpleAdapter adapter;
@Override
protected void onCreate(Bundle savedInstanceState) {
    super.onCreate(savedInstanceState);
    setContentView(R.layout.activity_main);
    //获取界面元素
    gridView = (GridView) findViewById(R.id.gridview);
    //初始化数据
    initData();
    String[] from={"img","text"};
    int[] to={R.id.img,R.id.text};
    //使用 GridView 进行创建
    adapter=new SimpleAdapter(this, dataList, R.layout.gridview_item, from, to);
    gridView.setAdapter(adapter);
    gridView.setOnItemClickListener(new OnItemClickListener() {
        @Override
        public void onItemClick(AdapterView<?> arg0, View arg1, int arg2,
                long arg3) {

        }          });}}
```

运行程序，实现效果图如图 4.8 所示。

【任务实现】

本次任务主要实现学生信息签到统计界面的设计，统计界面又分为文本列表及照片网格两部分，实现流程如图 4.9 所示。

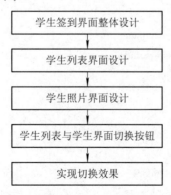

图 4.9 学生签到界面设计流程图

利用技能点所学的知识，实现此界面的所有效果，具体方法及步骤如下。

第一步："优签到"学生信息签到界面整体布局设计。在 activity 包下创建 SigninfoActivity.java 文件，并对应在 layout 文件夹下，生成布局文件 activity_sign_info.xml。在布局文件中添加列表显示控件和上课信息显示框，效果如图 4.10 所示。

图 4.10　学生列表界面

学生列表界面代码如下所示：

```xml
<?xml version="1.0" encoding="utf-8"?>
<RelativeLayout xmlns:android="http://schemas.android.com/apk/res/android"
    android:orientation="vertical" android:layout_width="match_parent"
    android:layout_height="match_parent"
    android:background="@drawable/s_sign">
        <include layout="@layout/main_title_bar"
            android:id="@+id/include" />
<LinearLayout
    android:id="@+id/ll_info"
    android:layout_width="match_parent"
    android:layout_height="wrap_content"
    android:layout_below="@+id/include"
    android:orientation="horizontal">
//列头显示
    <TextView
        android:id="@+id/tv_classname"
        android:layout_width="0dp"
        android:layout_height="50dp"
        android:layout_weight="1"
        android:text="班级"
        android:gravity="center"
        android:textSize="19sp"/>
    <TextView
        android:id="@+id/tv_tv_classroom"
```

```
            android:layout_width="0dp"
            android:layout_height="50dp"
            android:layout_weight="1"
            android:gravity="center"
            android:textSize="19sp"
            android:text="上课教室"/>
    </LinearLayout>
    //学生信息列表显示
        <ListView
            android:id="@+id/lv_info"
            android:layout_width="match_parent"
            android:layout_height="match_parent"
            android:divider="#fff"
            android:dividerHeight="1dp"
            android:layout_alignParentLeft="true"
            android:layout_alignParentStart="true"
            android:layout_below="@+id/include"
            android:layout_above="@+id/ll_host"
            >
        </ListView>
    </RelativeLayout>
```

第二步：在列表显示的基础上添加显示学生信息的控件，并且将学生信息显示规定为 3 列，效果如图 4.11 所示。

图 4.11　学生信息列表界面

学生信息列表界面代码如下所示：

```
    <?xml version="1.0" encoding="utf-8"?>
```

```xml
<LinearLayout xmlns:android="http://schemas.android.com/apk/res/android"
    android:orientation="vertical" android:layout_width="match_parent"
    android:layout_height="match_parent"
    android:background="@drawable/s_sign"
    android:weightSum="1">
    <include layout="@layout/main_title_bar"
        android:id="@+id/include"/>
//列头显示
    <LinearLayout
        android:id="@+id/ll_info"
        android:layout_width="match_parent"
        android:layout_height="wrap_content"
        android:layout_below="@+id/include"
        android:orientation="horizontal">
        <TextView
            android:id="@+id/tv_classname"
            android:layout_width="0dp"
            android:layout_height="50dp"
            android:layout_weight="1"
            android:text="班级"
            android:gravity="center"
            android:textSize="19sp"/>
        <TextView
            android:id="@+id/tv_tv_classroom"
            android:layout_width="0dp"
            android:layout_height="50dp"
            android:layout_weight="1"
            android:gravity="center"
            android:textSize="19sp"
            android:text="上课教室"/>
    </LinearLayout>
    <View
        android:id="@+id/view"
        android:layout_width="350dp"
        android:layout_height="1dp"
        android:background="#ffffff"
        android:layout_marginLeft="30dp">
    </View>
//学生信息列表
    <ListView
        android:id="@+id/lv_info"
```

```
            android:layout_width="match_parent"
            android:layout_height="380dp"
            android:divider="#fff"
            android:dividerHeight="1dp"
            android:layout_marginRight="30dp"
            android:layout_marginLeft="25dp"
            android:layout_marginBottom="10dp"
            android:layout_weight="1"
            >
    </ListView>
//学生照片网格显示
    <GridView
            android:id="@+id/gv_info"
            android:layout_width="match_parent"
            android:layout_height="380dp"
            android:numColumns="3"
            android:layout_marginRight="30dp"
            android:layout_marginLeft="25dp"
            android:layout_marginBottom="10dp"
            android:columnWidth="50dp"
            android:layout_weight="1"
            android:visibility="gone">
    </GridView>
//底部选项卡
    <LinearLayout
            android:id="@+id/ll_host"
            android:layout_width="match_parent"
            android:layout_height="wrap_content"
            android:orientation="horizontal"
            >
        <LinearLayout
            android:id="@+id/ll_stulist"
            android:layout_width="0dp"
            android:layout_height="50dp"
            android:layout_weight="1"
            android:gravity="center"
            android:layout_marginBottom="5dp"
            android:layout_marginLeft="15dp"
            android:layout_marginRight="15dp"
            android:background="@drawable/backgroud"
            >
```

```
            <TextView
                android:layout_width="match_parent"
                android:layout_height="wrap_content"
                android:text="学生列表"
                android:gravity="center"/>
        </LinearLayout>
        <LinearLayout
            android:id="@+id/ll_stugrop"
            android:layout_width="0dp"
            android:layout_height="50dp"
            android:layout_weight="1"
            android:gravity="center"
            android:layout_marginBottom="5dp"
            android:layout_marginLeft="15dp"
            android:layout_marginRight="15dp"
            android:background="@drawable/backgroud"
            >
            <TextView
                android:layout_width="match_parent"
                android:layout_height="wrap_content"
                android:text="学生照片"
                android:gravity="center"
                />
        </LinearLayout>
    </LinearLayout>
</LinearLayout>
```

运行项目，实现效果图如图 4.12 所示。

图 4.12　运行效果图

【习题】

一、选择题

1. 下列( )选项不属于 AdapterView 类的子选项。

A. ListView   B. Spinner

C. GridView   D. ScrollView

2. 下列关于 ListView 使用的描述不正确的是( )。

A. 使用 ListView 时，要为该 ListView 匹配 Adapter 方式进行数据传递

B. 使用 ListView 时，布局文件对应的 Activity 必须集成 ListActivity

C. ListView 中视图布局可使用内置布局，也可使用自定义布局方式

D. ListView 中每项被选中时，将会触发 ListView 对象 ItenClick 事件

3. 下列关于适配器说法正确的是( )。

A. 可存储数据   B. 用于数据与组件绑定

C. 用于解析数据   D. 用于存储 XML 数据

4. 设置 ListView 每条 Item 间分割线的是下列( )属性。

A. android:divder   B. android:divderHelght

C. android:entries   D. android:footerDivdersEnabled

5. 以下( )不是继承自 Adapter 类。

A. SimpleAdapter   B. ArrayAdapter

C. BaseAdapter   D. ListAdapter

二、填空题

1. Adapter 本身是一个接口，派生了两个子接口，分别是 _____ 和 SpinnerAdapter。

2. 在开发过程中，常用的适配器有三个：ArrayAdapter、_____、SimpleCursorAdapter。

3. _____ 列表的形式来展示内容，且能够根据数据的长度自适应显示。

4. _____ 又称网格视图，是 Android 中常用的多控件布局之一。

5. 在 ArrayList 中每个条目对应 List 中的一行。SimpleAdapter 具有良好的_____，可以自定义出各种效果。

三、上机题

编写一个学生信息界面，要求有学生姓名、学号、班级、成绩四列数据。

【任务总结】

◇ 适配器是把一些比较复杂的数据通过适当的模式动态地填充在各种 ListView 上，常用的适配器有三个：ArrayAdapter、SimpleAdapter 和 SimpleCursorAdapter。

◇ ListView 经常配合适配器一起使用，以列表的形式来展示内容。使用 ListView 有两种方式：直接创建 ListView 和让 Activity 继承 ListView。

◇ GridView 也经常配合适配器一起使用，是常用的多控件布局之一，其将所获取的数据以网格的形式展示在界面上。使用 GridView 有两种方式：直接创建 GridView 和让 Activity 继承 GridView。

工作任务二　学生签到信息统计功能开发

【问题导入】

考勤的主要目的是让学生按时上课。因此，为了更好地管理学生，教师需要实时查看学生的考勤情况。传统的纸质统计方式使教师不能快速查看学生的签到状况，那么如何才能直观的体现已签到和未签到的学生呢？

【学习目标】

通过学生签到信息统计功能的实现，了解如何使用适配器将数据填充在界面上，学习数据缓存清理的方法，掌握读取手机 SD 卡中数据的技巧，具备能够处理程序中缓存问题的能力。

【任务描述】

为了使学生的签到信息可以通过一种便捷的方式显示在界面上，因此在"优签到"APP的学生签到信息统计功能开发中使用适配器将数据库中的数据进行读取并显示，而且，它在数据缓存方面也做了很大的改进，在每次读取数据的同时，清理上一次软件遗留的缓存信息，保证了应用的运行流畅性。本任务主要实现"优签到"APP 学生信息签到统计功能的开发。

【知识与技能】

技能点 1　清理软件缓存

缓存是程序运行时的临时存储空间，当某一程序读取数据时，首先从缓存区中寻找需要的数据，如果找不到则从内存中寻找。当缓存区数据过多时，就可能导致程序的卡死，这时就需要定期的清理一下软件缓存，比如定期清理微信、QQ 的聊天记录。清除缓存与清除数据、一键清理不一样，具体区别如下所示。

(1) 清除缓存：清除缓存后用户再次使用该 APP 时，由于本地缓存已经被清理，所有的数据需要重新从网络上获取。

(2) 清除数据：主要清除用户配置，比如 SharedPreferences、数据库等。

(3) 一键清理：主要是杀死后台进程，以达到释放内存的目的，APP 缓存的数据并不会被清除。

在 Android 手机里面，存放缓存信息的位置分为两类：一类是内部存储(Internal Storage，如应用文件夹的 cache 目录)；另外一类是外部存储(External Storage，如 SD 卡)。在 Android 项目开发过程中可通过"Android Device Monitor"进行内部和外部存储文件的查看，在 SDK 的目录中找到 tools 文件夹下的 monitor.bat，并双击执行(注：在打开 Android Debug Monitor 前需要先将模拟器开机，否则无文件)，效果如图 4.13 所示。

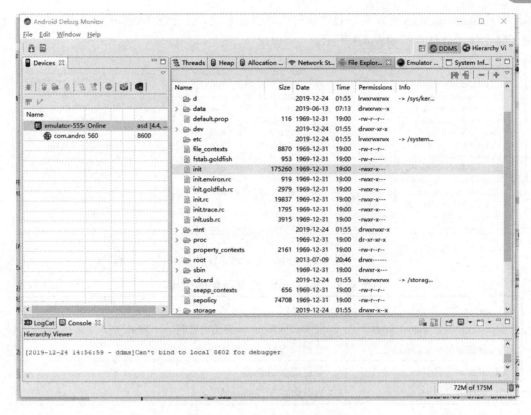

图 4.13　Android Debug Monitor

1. 内部存储

内部存储是在 Android 文件系统的特定目录下(/data/data/包名)，并且在 APP 卸载时，缓存数据会被一并删除。内部存储常用的目录介绍如下。

(1) data/app 目录：app 文件夹里存放着安装 app 的 apk 文件，如图 4.14 所示。

Name	Size	Date	Time	Permissions	Info
📁 d		2018-07-12	02:38	lrwxrwxrwx	-> /sys/ker...
📁 data		2018-07-03	07:13	drwxrwx--x	
📁 app		2018-07-10	07:06	drwxrwx--x	
ApiDemos.apk	4764094	2017-07-12	19:42	-rw-r--r--	com.exam...
ApiDemos.odex	1579120	2017-07-12	19:42	-rw-r--r--	
CubeLiveWallpapers.apk	19327	2017-07-12	19:41	-rw-r--r--	com.exam...
CubeLiveWallpapers.odex	15080	2017-07-12	19:41	-rw-r--r--	
GestureBuilder.apk	27686	2017-07-12	19:41	-rw-r--r--	com.androi...
GestureBuilder.odex	23240	2017-07-12	19:41	-rw-r--r--	
SmokeTest.apk	7981	2017-07-12	19:41	-rw-r--r--	com.androi...
SmokeTest.odex	12496	2017-07-12	19:41	-rw-r--r--	
SmokeTestApp.apk	3357	2017-07-12	19:41	-rw-r--r--	com.androi...
SmokeTestApp.odex	2008	2017-07-12	19:41	-rw-r--r--	
SoftKeyboard.apk	44063	2017-07-12	19:41	-rw-r--r--	com.exam...
SoftKeyboard.odex	28128	2017-07-12	19:41	-rw-r--r--	
WidgetPreview.apk	19240	2017-07-12	19:41	-rw-r--r--	com.androi...
WidgetPreview.odex	10800	2017-07-12	19:41	-rw-r--r--	

图 4.14　apk 存放路径

(2) data/data：data 文件夹下包含运行中项目的包名，打开包名后可看到如图 4.15 所示的一些文件，具体介绍如表 4.3 所示。

▲ 🗁 data		2018-07-03	07:14	drwxrwx--x
▷ 🗁 com.android.backupconfirm		2018-07-03	07:13	drwxr-x--x
▷ 🗁 com.android.browser		2018-07-04	02:40	drwxr-x--x
▷ 🗁 com.android.calculator2		2018-07-03	07:13	drwxr-x--x
▷ 🗁 com.android.calendar		2018-07-03	07:14	drwxr-x--x
▷ 🗁 com.android.camera		2018-07-03	07:13	drwxr-x--x
▷ 🗁 com.android.certinstaller		2018-07-03	07:13	drwxr-x--x
▷ 🗁 com.android.contacts		2018-07-03	07:13	drwxr-x--x
▷ 🗁 com.android.customlocale2		2018-07-03	07:13	drwxr-x--x
▷ 🗁 com.android.defcontainer		2018-07-03	07:14	drwxr-x--x
▷ 🗁 com.android.deskclock		2018-07-03	07:14	drwxr-x--x
▷ 🗁 com.android.development		2018-07-03	07:13	drwxr-x--x
▷ 🗁 com.android.development_settings		2018-07-03	07:13	drwxr-x--x
▷ 🗁 com.android.dialer		2018-07-03	07:14	drwxr-x--x

图 4.15   data/data 目录文件夹

表 4.3   data/data 目录下包的介绍

包 名	描 述
data/data/包名/shared_prefs	SharedPreferences 存储的数据，以 XML 格式存储到本地
data/data/包名/databases	数据库存储的数据，db 格式的文件
data/data/包名/files	普通数据的存储
data/data/包名/cache	临时缓存文件的存储

2．外部存储

外部存储一般是 storage、mnt 文件夹，在 storage 文件夹中有一个 sdcard 文件夹，如图 4.16 所示。

▷ 🗁 mnt		2018-07-12	02:38	drwxrwxr-x
▷ 🗁 proc		2018-07-12	02:38	dr-xr-xr-x
📄 property_contexts	2161	1970-01-01	00:00	-rw-r--r--
▷ 🗁 root		2017-02-27	16:28	drwx------
▷ 🗁 sbin		1970-01-01	00:00	drwxr-x---
🗁 sdcard		2018-07-12	02:38	lrwxrwxrwx -> /storag...
📄 seapp_contexts	656	1970-01-01	00:00	-rw-r--r--
📄 sepolicy	74804	1970-01-01	00:00	-rw-r--r--
▲ 🗁 storage		2018-07-12	02:38	drwxr-x--x
▲ 🗁 sdcard		1970-01-01	00:00	drwxrwx--x
▷ 🗁 Android		2018-07-04	02:35	drwxrwx--x
▷ 🗁 LOST.DIR		2018-07-04	01:31	drwxrwx---
📄 info.txt	4	2018-07-04	01:42	-rwxrwx---

图 4.16   外部存储路径

通常在 APP 开发时，实现清除缓存功能首先得获取缓存再进行清除，故清除软件缓存步骤如下所示。

第一步：获取缓存路径。

```
public static String getTotalCacheSize(Context context) throws Exception {
        long cacheSize = getFolderSize(context.getCacheDir());
```

```
        if (Environment.getExternalStorageState().equals(
            Environment.MEDIA_MOUNTED)) {
            cacheSize += getFolderSize(context.getExternalCacheDir());
        }
        return getFormatSize(cacheSize);
    }
```

第二步：清除缓存。

```
public static void clearAllCache(Context context) {
    deleteDir(context.getCacheDir());
    if (Environment.getExternalStorageState().equals(
        Environment.MEDIA_MOUNTED)) {
        deleteDir(context.getExternalCacheDir());
    }
}
```

第三步：在 AndroidManifest.xml 配置文件中添加操作权限。

```
<uses-permission android:name="android.permission.GET_PACKAGE_SIZE"/>
```

技能点 2　读/写 SD 卡

SD 卡具有体积小、容量大、数据传输快、可插拔、安全性好等优点，当需要存取较大的文件时，可以使用 SD 卡存储，SD 卡扩充了手机的存储能力。SD 卡上的文件都是通过流的方式进行读取。在读/写 SD 卡时常用到设备环境 android.os.Environment 工具类。Environment 类的常用方法说明如表 4.4 所示。

表 4.4　Environment 类常用方法

方 法 名 称	含　义
getDataDirectory()	获取 Android 中的 data 目录
getExternalStorgeDirectory()	获取外部存储的目录，一般指 SD 卡
getDownloadCacheDirectory()	获取下载的缓存目录
getExternalStorageState()	获取外部设置的当前状态
getRootDirectory()	获取 Android Root 路径
isExternalStorageEmulated()	返回 Boolean 值判断外部设置是否有效

1. 读写 SD 卡文件的步骤

第一步：调用 Environment.getExternalStorageState()方法的返回值与 Environment.MEDIA_ MOUNTED 比较，如果 SD 卡存在并且具有操作权限，则返回 true。Android 中 SD 卡外部设置的状态情况如表 4.5 所示。

表 4.5　SD 卡状态说明

属　性	含　义
MEDIA_MOUNTED	可以进行读/写
MEDIA_MOUNTED_READ_ONLY	存在，只可以进行读的操作

代码如下所示：

Environment.getExternalStorageState().equals(Environment.MEDIA_MOUNTED)

第二步：通过调用 Environment.getExternalStorageDirectory()获取文件绝对路径(即 /mnt/sdcard/+文件名)，也可以在程序中直接写"/mnt/sdcard/+文件名"这个字符串。

第三步：使用 FileInputStream、FileOutputStream、FileReader、FileWriter 四个类的方法实现读/写 SD 卡文件数据。

第四步：在 AndroidManifest.xml 配置文件中编辑 SD 的删除、写入操作权限。

```
<!--在 SD 卡中创建与删除文件权限-->
<uses-permission android:name="android.permission.MOUNT_UNMOUNT_FILESYSTEMS"/>
<!--在 SD 卡中写入数据权限-->
<uses-permission android:name="android.permission.WRITE_EXTERNAL_STORAGE" />
```

使用 SD 卡读/写数据时，该程序提供了两个文本框(账号、密码)，用户在文本框中输入内容，勾选"记住账号和密码"，单击"保存"按钮，将账号密码存入 SD 卡，退出程序后再重新进入，将自动获取 SD 卡中的数据并填充到界面，效果如图 4.17 所示。

图 4.17　SD 卡读/写数据

写入完成后，在 DDMS 的 File Explorer 面板上打开 data 目录，在目录下找到如图 4.18 所示的 txt 文件。

图 4.18　File Explorer 面板

通过 File Explorer 面板的导出文件按钮导出该 txt 文件，打开该文件看到输入的账号、密码，内容如下所示：

```
123&&123
```

2. 创建 SD 卡读/写数据填充界面

SD 卡读/写数据填充界面步骤如下。

第一步：新建 Android 项目，命名为 AndroidDemo_4.2.1。

第二步：编写布局文件，并添加选择框按钮，代码如下所示。

```xml
<?xml version="1.0" encoding="utf-8"?>
<LinearLayout xmlns:android="http://schemas.android.com/apk/res/android"
    xmlns:app="http://schemas.android.com/apk/res-auto"
    xmlns:tools="http://schemas.android.com/tools"
    android:layout_width="match_parent"
    android:layout_height="match_parent"
    android:orientation="vertical"
    tools:context="com.example.app.androiddemo_225.MainActivity">
    <EditText
        android:id="@+id/et_name"
        android:layout_width="match_parent"
        android:layout_height="wrap_content"
        android:textColor="#000"/>
    <EditText
        android:id="@+id/et_pass"
        android:layout_width="match_parent"
        android:layout_height="wrap_content"
        android:textColor="#000"/>
    <LinearLayout
        android:layout_width="match_parent"
        android:layout_height="wrap_content"
        android:orientation="horizontal">
        <CheckBox
            android:id="@+id/cb_remember"
            android:layout_width="wrap_content"
            android:layout_height="wrap_content"
            android:text="记住账号和密码"/>
        <Button
            android:id="@+id/btn_login"
            android:layout_width="wrap_content"
            android:layout_height="wrap_content"
```

```
                android:text="保存"/>
        </LinearLayout>
    </LinearLayout>
```

第三步：编写 java 文件，将数据存储在 SD 卡中，当重新启动程序时自动读取 SD 卡中的数据，代码如下所示。

```java
public class MainActivity extends AppCompatActivity {
    private EditText et_name;
    private EditText et_pass;
    private CheckBox cb_remember;
    private Button btn_login;
    @Override
    protected void onCreate(Bundle savedInstanceState) {
        super.onCreate(savedInstanceState);
        setContentView(R.layout.activity_main);
        et_name = (EditText) findViewById(R.id.et_name);
        et_pass = (EditText) findViewById(R.id.et_pass);
        readAccount();
        btn_login = (Button) findViewById(R.id.btn_login);
        btn_login.setOnClickListener(new View.OnClickListener() {
            @Override
            public void onClick(View view) {
                login();
            }});}
    //向 SD 卡写入数据
    private void readAccount() {
        //最简单的打开 SD 卡的方式。使用 API 获得 SD 卡的真实路径，部分手机品牌会更改 SD
卡的路径
        File file = new File(Environment.getExternalStorageDirectory(), "info.txt");
        // 判断是否存在该文件
        if(file.exists()){
            try {
                // 打开文件输入流
                FileInputStream fis = new FileInputStream(file);
                BufferedReader br = new BufferedReader
                (new InputStreamReader(fis));
                String text = br.readLine();
                String s[] = text.split("&&");
                et_name.setText(s[0]);
                et_pass.setText(s[1]);
```

```
            } catch (Exception e) {
                // TODO Auto-generated catch block
                e.printStackTrace();
            } } }
    private void login(){
        String name = et_name.getText().toString();
        String pass = et_pass.getText().toString();
        cb_remember = (CheckBox) findViewById(R.id.cb_remember);
        if(cb_remember.isChecked()){
        //判断 SD 卡是否准备就绪
        if(Environment.getExternalStorageState().equals(
        Environment.MEDIA_MOUNTED)){
        //使用 API 获得 SD 卡的真实路径，部分手机品牌会更改 SD 卡的路径
        File file = new File(Environment.getExternalStorageDirectory(), "info.txt");
            try {
                FileOutputStream fos = new FileOutputStream(file);
                fos.write((name + "&&" + pass).getBytes());
                fos.close();
            } catch (Exception e) {
                // TODO Auto-generated catch block
                e.printStackTrace();
            }
            Toast.makeText(MainActivity.this, "数据保存成功", Toast.LENGTH_SHORT).show();
        }}}}
```

运行程序，实现效果如图 4.17 所示。

【任务实现】

本次任务主要实现学生信息签到统计功能的开发，通过读取数据库中的学生签到信息，将得到的信息以列表和网格的方式在界面中显示，实现流程如图 4.19 所示。

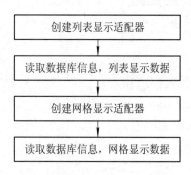

图 4.19　学生签到功能开发流程图

利用技能点所学到的知识，实现此模块的所有功能，具体方法及步骤如下。

1．任务实施一：列表数据显示

第一步：在运行结果中可看到，学生签到信息列表显示时，每一行的数据是一个固定的格式：姓名、学号、签到状态。那么在 layout 文件夹下创建 signinfo.xml 文件，通过此文件定义数据显示格式，效果如图 4.20 所示。

图 4.20　学生列表数据显示格式

定义数据显示格式代码如下所示：

```xml
<?xml version="1.0" encoding="utf-8"?>
<LinearLayout xmlns:android="http://schemas.android.com/apk/res/android"
    android:orientation="horizontal"
    android:layout_width="match_parent"
    android:layout_height="50dp"
    >
    <TextView
        android:id="@+id/tv_student_name"
        android:layout_width="0dp"
        android:layout_height="match_parent"
        android:layout_weight="1"
        android:text="123"
        android:textSize="16sp"
```

```
                android:gravity="center"
                android:layout_margin="10dp"/>
            <TextView
                android:id="@+id/tv_student_numb"
                android:layout_width="0dp"
                android:layout_height="match_parent"
                android:layout_weight="2"
                android:text="123"
                android:textSize="16sp"
                android:gravity="center"
                android:layout_margin="10dp"/>
            <TextView
                android:id="@+id/tv_student_sign"
                android:layout_width="0dp"
                android:layout_height="match_parent"
                android:layout_weight="1"
                android:text="123"
                android:textSize="16sp"
                android:gravity="center"
                android:layout_margin="10dp"/>
    </LinearLayout>
```

第二步：在介绍数据库时，学生的信息有很多，而且也很复杂，那么在 bean 文件夹下创建了 Student.java 类，通过此类将获取到本任务中所需要的数据，也可通过此类将数据填入列表中，操作方便。学生信息公共类代码如下所示。

```
public class Student {
    private   String stuName;
    private   String stuNumb;
    private   String stuClass;
    private   String stuClassName;
    private String stuSign;
    public String getStuSign() {
        return stuSign;
    }
    public void setStuSign(String stuSign) {
        this.stuSign = stuSign;
    }
    public String getStuName() {
        return stuName;
```

```
        }
        public void setStuName(String stuName) {
            this.stuName = stuName;
        }
        public String getStuNumb() {
            return stuNumb;
        }
        public void setStuNumb(String stuNumb) {
            this.stuNumb = stuNumb;
        }
        public String getStuClass() {
            return stuClass;
        }
        public void setStuClass(String stuClass) {
            this.stuClass = stuClass;
        }
        public String getStuClassName() {
            return stuClassName;
        }
        public void setStuClassName(String stuClassName) {
            this.stuClassName = stuClassName;
        }
    }
```

　　第三步：读取数据库时，数据库中的信息太多而且没有规则，那么需要在 adapter 文件夹下创建适配器文件 StudentAdapter.java，通过适配器绑定第一步中创建的数据显示格式，将获取到的学生信息规则的显示在界面上。列表数据显示适配器代码如下所示。

```
public class StudentAdapter extends BaseAdapter {
        private List<Student> list;
        private Context context;
        public StudentAdapter(List<Student> list, Context context) {
            this.list = list;
            this.context = context;
        }
        //得到当前数据的大小
        @Override
        public int getCount() {
            return list.size();
        }
```

```java
//得到当前数据的某列值
@Override
public Object getItem(int position) {
    return null;
}
//得到当前数据的总列数
@Override
public long getItemId(int position) {
    return 0;
}
//适配器显示
@Override
public View getView(int position, View convertView, ViewGroup parent) {
//绑定数据显示格式
    convertView = LayoutInflater.from(context).inflate(R.layout.signinfo,null);
    Student stu = list.get(position);
    TextView tv_student_name = (TextView)
        convertView.findViewById(R.id.tv_student_name);
    TextView tv_student_numb = (TextView)
        convertView.findViewById(R.id.tv_student_numb);
    TextView tv_student_sign = (TextView)
        convertView.findViewById(R.id.tv_student_sign);
    //数据显示框
    tv_student_name.setText(stu.getStuName());
    tv_student_numb.setText(stu.getStuNumb());
    //标识信息做判断并修改控件的文字颜色
    //如果签到信息为"0"，字体为灰色；如果为"1"，则为红色
    if (stu.getStuSign().equals("0")){
        tv_student_sign.setText("未签到");
        tv_student_sign.setTextColor(Color.parseColor("#FF0000"));
    }else if (stu.getStuSign().equals("1")){
        tv_student_sign.setText("已签到");
        tv_student_sign.setTextColor(Color.parseColor("#00FF00"));
    }
    return convertView;
}
}
```

2．任务实施二：网格数据显示

第一步：在运行结果中可看到，学生照片用网格显示时，每一块的数据是一个固定的格式，即上部分为学生照片，下部分为学生姓名。在 layout 文件夹下创建 gride.xml 文件，通过此文件定义数据显示格式，效果如图 4.21 所示。

图 4.21　学生照片显示格式

学生照片显示格式代码如下所示：

```xml
<?xml version="1.0" encoding="utf-8"?>
<LinearLayout xmlns:android="http://schemas.android.com/apk/res/android"
    android:orientation="vertical"
    android:layout_width="match_parent"
    android:layout_height="match_parent"
    android:gravity="center"
    >
    <ImageView
        android:id="@+id/img_student"
        android:layout_width="60dp"
        android:layout_height="60dp"
        android:src="@drawable/t_1"
        />
    <TextView
        android:id="@+id/tv_student"
```

```
                    android:layout_width="wrap_content"
                    android:layout_height="wrap_content"
                    android:text="123456"
                    android:layout_marginTop="15dp"
                    android:textSize="16sp"
                    />
</LinearLayout>
```

第二步：此步骤同任务实施一中的第三步有同样的作用。在 adapter 文件夹下创建 ImageAdapter.java 文件，将第一步中所创建的数据显示格式进行绑定，使数据可以用规则的方式显示。网格数据显示适配器代码如下所示。

```
public class ImageAdapter extends BaseAdapter {
private List<Student> list;
private Context context;
//所有学生照片信息
int[] student_img={R.drawable.t_1, R.drawable.t_2,R.drawable.t_3,R.drawable.t_4,R.drawable.t_5,
                   R.drawable.t_6,R.drawable.t_7,R.drawable.t_8,R.drawable.t_9,R.drawable.t_10,
                   R.drawable.t_11,R.drawable.t_12,R.drawable.t_13,R.drawable.t_14,
                   R.drawable.t_15,R.drawable.t_16,R.drawable.t_17,R.drawable.t_18,
                   R.drawable.t_19,R.drawable.t_20,R.drawable.t_21,R.drawable.t_22,
                   R.drawable.t_23,R.drawable.t_24,R.drawable.t_25,R.drawable.t_26,
                   R.drawable.t_27,R.drawable.t_28,R.drawable.t_29,R.drawable.t_30,
                   R.drawable.t_31,R.drawable.t_32,R.drawable.t_33,R.drawable.t_34,
                   R.drawable.t_35};
public ImageAdapter(List<Student> list, Context context) {
    this.list = list;
    this.context = context;
}
@Override
public int getCount() {
    return list.size();
}
@Override
public Object getItem(int position) {
    return null;
}
@Override
public long getItemId(int position) {
    return 0;
}
```

```java
@Override
public View getView(int position, View convertView, ViewGroup parent) {
    convertView = LayoutInflater.from(context).inflate(R.layout.gride,null);
    Student stu = list.get(position);
    ImageView img_student = (ImageView) convertView.findViewById(R.id.img_student);
    TextView tv_student = (TextView) convertView.findViewById(R.id.tv_student);
    img_student.setImageResource(student_img[position]);
    tv_student.setText(stu.getStuName());
    //标识信息做判断并修改控件的文字颜色
    //如果签到信息为"0"，字体为灰色；如果为"1"，则为红色
    if (stu.getStuSign().equals("0")){
        tv_student.setTextColor(Color.parseColor("#FF0000"));
    }else if (stu.getStuSign().equals("1")){
        tv_student.setTextColor(Color.parseColor("#00FF00"));
    }
    return convertView;
}
}
```

　　第三步：读取数据库信息，将数据库中的数据通过创建的适配器显示在界面上。在 SignInfoActivity 中引用前几步创建的适配器，并且使用其方法将获取的数据传入适配器，适配器得到数据后直接进行显示即可。读取数据库，在界面显示信息列表代码如下所示。

```java
public class SignInfoActivity extends AppCompatActivity implements View.OnClickListener   {
    //初始化控件
    private TextView tv_back,tv_main_title;
    private ListView lv_info;
    private GridView gv_info;
    private LinearLayout ll_stulist,ll_stugrop;
    private List<Student> list = new ArrayList<>();
    @Override
    protected void onCreate(Bundle savedInstanceState) {
        super.onCreate(savedInstanceState);
        setContentView(R.layout.activity_sign_info);
        initview();
        Queryinfo();
        getTotalCacheSize(SignInfoActivity.this);
    }
    //查询学生信息方法
    private void Queryinfo() {
        //初始化数据库
```

```java
        SQLiteHelper helper = new SQLiteHelper(SignInfoActivity.this);
        //调用数据库中的查询方法
        Cursor c = helper.doStudentQuey();
        //循环获取数据
        while (c.moveToNext()){
            String stuNumb = c.getString(0);
            String stuName = c.getString(1);
            String stuClass = c.getString(2);
            String StuClassName = c.getString(3);
            String stuSign = c.getString(5);
            Student stu = new Student();
            //填充至控件中
            stu.setStuName(stuName);
            stu.setStuNumb(stuNumb);
            stu.setStuClass(stuClass);
            stu.setStuClassName(StuClassName);
            stu.setStuSign(stuSign);
            list.add(stu);
            Log.d("name","+++++++"+list.size());
        }
        //关闭数据库
        helper.close();
        c.close();
        //数据填充适配器
        //学生列表填充
        StudentAdapter adapter = new StudentAdapter(list,SignInfoActivity.this);
        lv_info.setAdapter(adapter);
        //学生照片填充
        ImageAdapter adapter1 = new ImageAdapter(list,SignInfoActivity.this);
        gv_info.setAdapter(adapter1);
    }
    private void initview() {
        tv_main_title=(TextView)findViewById(R.id.tv_main_title);
        tv_main_title.setText("签到详情");
        tv_back=(TextView)findViewById(R.id.tv_back);
        tv_back.setVisibility(View.GONE);
        ll_stulist = (LinearLayout) findViewById(R.id.ll_stulist);
        ll_stulist.setOnClickListener(this);
```

```
        ll_stugrop = (LinearLayout) findViewById(R.id.ll_stugrop);
        ll_stugrop.setOnClickListener(this);
        lv_info = (ListView) findViewById(R.id.lv_info);
        gv_info = (GridView) findViewById(R.id.gv_info);
    }
    //学生列表与学生照片页面的切换
    @Override
    public void onClick(View v) {
        switch (v.getId()){
            case R.id.ll_stulist:
                lv_info.setVisibility(View.VISIBLE);
                gv_info.setVisibility(View.GONE);
                //切换界面时清除数据缓存
                clearAllCache(SignInfoActivity.this);
                break;
            case R.id.ll_stugrop:
                lv_info.setVisibility(View.GONE);
                gv_info.setVisibility(View.VISIBLE);
                //切换界面时清除数据缓存
                clearAllCache(SignInfoActivity.this);
                break;
        } }
//获取缓存路径的方法
public static String getTotalCacheSize(Context context) throws Exception {
        long cacheSize = getFolderSize(context.getCacheDir());
        if (Environment.getExternalStorageState().equals(
                Environment.MEDIA_MOUNTED)) {
            cacheSize += getFolderSize(context.getExternalCacheDir());
        }
        return getFormatSize(cacheSize);
    }
//清除缓存的方法
public static void clearAllCache(Context context) {
        deleteDir(context.getCacheDir());
        if (Environment.getExternalStorageState().equals(
                Environment.MEDIA_MOUNTED)) {
            deleteDir(context.getExternalCacheDir());
        }
```

```
      }
  }
```

运行项目，效果如图 4.22 和图 4.23 所示。

图 4.22　学生签到信息列表显示

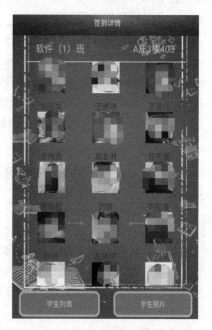

图 4.23　学生签到信息网格显示

【习题】

一、选择题

1. 关于清除缓存说法正确的是(　　)。

A. 清除缓存后，用户再次使用该 APP 时，由于本地缓存已经被清理，所有的数据需要重新从网络上获取

B. 主要清除用户配置

C. 主要是杀死后台进程，以达到释放内存的目的

D. 清除已经停止页面的数据信息

2. 获取外部存储目录(一般指 SD 卡)的方法是(　　)。

A. getDataDirectory()　　　　　　B. getExternalStorgeDirectory()

C. getDownloadCacheDirectory()　　D. getExternalStorge()

3. 如果需要捕获某个组件的事件，需要为该组件创建(　　)。

A. 属性　　　　B. 监听器　　　　C. 方法　　　　D. 工程

4. 下列(　　)不是 Android 的存储方式。

A. File　　　　B. SharePreference　　C. SQLite　　　　D. SD 卡

5. 对 databases 包名解释正确的是(　　)。

A. 用于存储的数据　　　　　　B. 用于存储数据库文件

C. 用于存储临时缓存　　　　　　D. 用于普通数据存储

二、填空题

1. 在 Android 手机里面，存放缓存信息的位置分为两类：一类是_____；另外一类是外部存储(External Storage，如 SD 卡)。

2. SD 卡中存储数据的常用路径为_____。

3. 内部存储是在 Android 系统中，开发者可以直接使用设备的_____中保存文件，默认情况下，以这种方式保存的数据只能被当前程序访问，在其他程序中是无法访问到的，而当用户卸载该程序时，这些文件也会随之被删除。

4. Internal Storage 在设备存储空间中保存_____。

5. 读取 SD 卡需要调用 Environment 的_____方法判断手机是否插入 SD 卡。

三、上机题

设计一个简单照片存储器，要求使用 SD 卡存储，将存储路径设为"mnt/image/系统当前时间.jpg"。

【任务总结】

◇ 缓存是程序运行时的临时存储空间，当某一程序读取数据时，首先从缓存区中寻找需要的数据，存放缓存信息的位置分为内部存储和外部存储。

◇ 内部存储在 Android 文件系统的特定目录下(/data/data/包名)，并且在 APP 卸载时，缓存数据会被一并删除。

◇ 外部存储一般是 storage、mnt 文件夹。清除缓存分为三步：获取缓存路径、清除缓存、在 AndroidManifest.xml 配置文件中添加操作权限。

◇ SD 卡扩充了手机的存储能力。读写 SD 卡的文件分为四步：判断手机是否插入 SD 卡、获取文件绝对路径、使用类的方法读写 SD 卡文件数据、在 AndroidManifest.xml 配置文件中编辑 SD 的删除并写入操作权限。

学习情境五　通讯录模块开发

工作任务一　通讯录界面设计

【问题导入】

通讯录在很多应用中都被普遍使用，而且通讯录的界面展示也是越来越吸引使用者的关注。多样的风格显示使"通讯录"的设计方式变得多种多样。那么如何快速地设计出符合要求的通讯录界面，则是大多数开发人员需要注意的地方，下面就教大家如何实现通讯录的界面设计。

【学习目标】

通过通讯录界面设计，了解自定义 View 的使用方法，学习自定义 View 视图的三种方式，掌握通讯录界面设计的主要方法，具备能够快速设计出符合要求的通讯录界面。

【任务描述】

在"优签到"APP 界面设计中，为了使界面上的数据整齐并有规律的显示，开发人员将采用列表设计通讯录界面，通过自定义侧边栏将姓名进行排序，然后使用一些 View 视图将数据存放在其中，通过特定的数据格式进行显示。调用应用资源填充界面，使界面更加美观。本任务最终将实现"优签到"APP 的通讯录界面设计。

该任务的基本框架如图 5.1 所示，最终实现的效果图如图 5.2 所示。

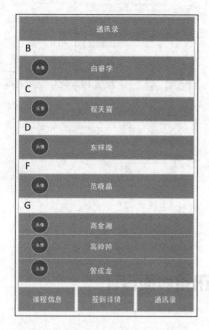

图 5.1　通讯录界面设计基本框架

图 5.2　通讯录界面设计效果

【知识与技能】

技能点　自定义 View 视图

尽管 Android 已经向开发者提供了一套丰富的控件,如 Button、ImageView、TextView、EditText 等。但在项目的开发过程中,Android 原生控件无法完全满足所有项目的开发需求,因此需要开发者进行自定义控件。Android 提供了一套基础类(如 View、Canvas 等)和 xml 标签(如 resources、declare-styleable、attr 等)用于自定义控件的开发。

1.自定义 View 的分类

如果按类型来划分,自定义 View 的实现方式大概可以分为自绘控件、组合控件和继承控件三种。

(1) 自绘控件:在 View 上所展现的全部内容都是由开发者使用 onDraw()方法绘制出来的。

(2) 组合控件:不需要开发者使用 onDraw()方法绘制,只是需要使用系统原生控件即可,之后将几个系统原生控件组合到一起,最后创建出来的 View 称为组合控件。

(3) 继承控件:不需要开发者自己重新去实现一个控件,而是去继承一个现有的控件,在这个控件上增加一些新的功能,就可以形成一个自定义控件。这种自定义控件的特点是不仅能够按照设计的需求加入相应的功能,还可以保留原生控件的所有功能。

2.自定义 View 的使用

本任务中使用到的自定义 View 为继承控件类型,那么下面将通过一个例子详细介绍自定义 View 继承控件的使用。

在 Android 开发过程中有时需要显示并播放 GIF 格式的图片,而在 Android 原生控件中能够显示图片的控件为 ImageView，但是这个控件也只能去显示 GIF 图片的第一帧，不会全部显示，也不会产生动画效果。那么接下来就来编写一个 PowerImageView 控件，让它既能支持 ImageView 控件原生的所有功能，同时还可以播放 GIF 图片，实现步骤如下所示。

第一步：新建项目，项目名称为 AndroidDemo_5.1.1(这里使用 Android 4.0 的 API)。

第二步：由于是自定义控件，还需要使用到一些自定义属性，因此在 values 目录下新建一个 attrs.xml 的文件，可以在这个文件中添加任何需要自定义的属性。这里只需要一个名为"auto_play"的属性，代码如下所示。

```xml
<?xml version="1.0" encoding="utf-8"?>
<resources>
    <declare-styleable name="PowerImageView">
        <attr name="auto_play" format="boolean"></attr>
    </declare-styleable>
</resources>
```

第三步：完成属性创建后，下面将开始编写 PowerImageView 类，由于这个类要支持 ImageView 的所有功能，因此需要让 PowerImageView 继承自 ImageView 类。

• 重写 ImageView 中所有的构建函数。在构造函数中，对所有必要的数据进行初始化操作；

• 调用 getResourceId()方法去获取图片资源对应的 id 值，在 getResourceId()方法内部是通过 Java 的反射机制来进行获取的；

• 将得到的图片资源 id 转换成 InputStream，然后传入 Movie.decodeStream()方法中，解码出 Movie 对象。如果得到的 Movie 对象等于 null，说明这是一张普通的图片资源，就不再进行任何特殊处理。如果得到的 Movie 对象不等于 null，则说明这是一张 GIF 图片；

• 获取是否允许自动播放、图片的宽高等属性的值。如果不允许自动播放，则给播放按钮注册点击事件，默认是不允许自动播放。

代码如下所示：

```java
public class PowerImageView extends ImageView implements OnClickListener {
    /**
     * 播放 GIF 动画的关键类
     */
    private Movie mMovie;
    /**
     * 开始播放按钮图片
     */
    private Bitmap mStartButton;
    /**
     * 记录动画开始的时间
     */
    private long mMovieStart;
```

```java
/**
 * GIF 图片的宽度
 */
private int mImageWidth;
/**
 * GIF 图片的高度
 */
private int mImageHeight;
/**
 * 图片是否正在播放
 */
private boolean isPlaying;
/**
 * 是否允许自动播放
 */
private boolean isAutoPlay;
/**
 * PowerImageView 构造函数
 *
 * @param context
 */
public PowerImageView(Context context) {
    super(context);
}
/**
 * PowerImageView 构造函数
 *
 * @param context
 */
public PowerImageView(Context context, AttributeSet attrs) {
    this(context, attrs, 0);
}
/**
 * PowerImageView 构造函数, 在这里完成所有必要的初始化操作
 *
 * @param context
 */
public PowerImageView(Context context, AttributeSet attrs, int defStyle) {
    super(context, attrs, defStyle);
```

```
        TypedArray a = context.obtainStyledAttributes(attrs, R.styleable.PowerImageView);
            int resourceId = getResourceId(a, context, attrs);
            if (resourceId != 0) {
                // 当资源 id 不等于 0 时，就去获取该资源的流
                InputStream is = getResources().openRawResource(resourceId);
                // 使用 Movie 类对流进行解码
                mMovie = Movie.decodeStream(is);
                if (mMovie != null) {
                //如果返回值不等于 null，就说明这是一个 GIF 图片
                //下面获取是否自动播放的属性
                isAutoPlay = a.getBoolean(R.styleable.PowerImageView_auto_play, false);
                    Bitmap bitmap = BitmapFactory.decodeStream(is);
                    mImageWidth = bitmap.getWidth();
                    mImageHeight = bitmap.getHeight();
                    bitmap.recycle();
                    if (!isAutoPlay) {
                //当不允许自动播放的时候，得到开始播放按钮的图片，并注册点击事件
                        mStartButton = BitmapFactory.decodeResource(getResources(),
                            R.drawable.start_play);
                        setOnClickListener(this);
                    }}}    }
        @Override
        public void onClick(View v) {
            if (v.getId() == getId()) {
                //当用户点击图片时，开始播放 GIF 动画
                isPlaying = true;
                invalidate();
            }
        }
    }
```

进入到 onMeasure()方法中进行判断，如果这是一张 GIF 图片，则需要将 PowerImageView 的宽和高重新定义，使得控件的大小刚好可以放置这张 GIF 图片，代码如下所示：

```
public class PowerImageView extends ImageView implements OnClickListener {
    @Override
    protected void onMeasure(int widthMeasureSpec, int heightMeasureSpec) {
        super.onMeasure(widthMeasureSpec, heightMeasureSpec);
        if (mMovie != null) {
            //如果是 GIF 图片，则重写设定 PowerImageView 的大小
```

```
                    setMeasuredDimension(mImageWidth, mImageHeight);
            }
    }
```

进入到 onDraw()方法中进行判断，当前是一张普通的图片还是 GIF 图片，如果是普通的图片，则直接调用 super.onDraw()方法交给 ImageView 去处理；如果是 GIF 图片，则先判断该图是否允许自动播放，如果允许则调用 playMovie()方法播放，不允许则会先在PowerImageView 中绘制该 GIF 图片的第一帧，并在图片上绘制一个播放按钮，当用户点击了播放按钮时，再去调用 playMovie()方法来播放 GIF 图片，代码如下所示：

```
public class PowerImageView extends ImageView implements OnClickListener {
    @Override
    protected void onDraw(Canvas canvas) {
        if (mMovie == null) {
//mMovie 等于 null，说明这是张普通图片，则直接调用父类的 onDraw()方法
            super.onDraw(canvas);
        } else {
            //mMovie 不等于 null，说明这是张 GIF 图片
            if (isAutoPlay) {
                //如果允许自动播放，就调用 playMovie()方法播放 GIF 动画
                playMovie(canvas);
                invalidate();
            } else {
                //不允许自动播放时，判断当前图片是否正在播放
                if (isPlaying) {
//正在播放就继续调用 playMovie()方法，一直到动画播放结束为止
                    if (playMovie(canvas)) {
                        isPlaying = false;
                    }
                    invalidate();
                } else {
//还没开始播放就只绘制 GIF 图片的第一帧，并绘制一个开始按钮
                    mMovie.setTime(0);
                    mMovie.draw(canvas, 0, 0);
                    int offsetW = (mImageWidth - mStartButton.getWidth()) / 2;
                    int offsetH = (mImageHeight - mStartButton.getHeight()) / 2;
                    canvas.drawBitmap(mStartButton, offsetW, offsetH, null);
                }}}    }
    }
```

在 playMovie()方法中播放 GIF 图片，首先会对动画开始的时间做记录，然后对动画持续的时间做记录，接着使用当前的时间减去动画开始的时间，得到的时间就是此时

PowerImageView 应该显示的那一帧，接着借助 Movie 对象将这一帧绘制到屏幕上即可。之后每次调用 playMovie()方法都会绘制一帧图片，连贯起来也就形成了 GIF 动画。

　　注意：这个方法是有返回值的，如果当前时间减去动画开始时间大于动画持续时间，就说明动画播放完成了，则返回 true，否则返回 false。

```java
public class PowerImageView extends ImageView implements OnClickListener {
    /**
     * 开始播放 GIF 动画，播放完成返回 true，未完成返回 false
     *
     * @param canvas
     * @return 播放完成返回 true，未完成返回 false
     */
    private boolean playMovie(Canvas canvas) {
        long now = SystemClock.uptimeMillis();
        if (mMovieStart == 0) {
            mMovieStart = now;
        }
        int duration = mMovie.duration();
        if (duration == 0) {
            duration = 1000;
        }
        int relTime = (int) ((now - mMovieStart) % duration);
        mMovie.setTime(relTime);
        mMovie.draw(canvas, 0, 0);
        if ((now - mMovieStart) >= duration) {
            mMovieStart = 0;
            return true;
        }
        return false;
    }
    /**
     * 通过 Java 反射，获取到 src 指定图片资源所对应的 id
     *
     * @param a
     * @param context
     * @param attrs
     * @return 返回布局文件中指定图片资源所对应的 id，没有指定任何图片资源就返回 0
     */
    private int getResourceId(TypedArray a, Context context, AttributeSet attrs) {
        try {
```

```
                Field field = TypedArray.class.getDeclaredField("mValue");
                field.setAccessible(true);
                TypedValue typedValueObject = (TypedValue) field.get(a);
                return typedValueObject.resourceId;
            } catch (Exception e) {
                e.printStackTrace();
            } finally {
                if (a != null) {
                    a.recycle();
                }
            }
            return 0;
        }
    }
```

第四步：完成 PowerImageView 的编写，下面将在布局中使用它，打开 activity_main.xml，编写代码如下所示。

```
<RelativeLayout xmlns:android="http://schemas.android.com/apk/res/android"
    android:layout_width="match_parent"
    android:layout_height="match_parent" >
    <com.example.powerimageviewtest.PowerImageView
        android:id="@+id/image_view"
        android:layout_width="wrap_content"
        android:layout_height="wrap_content"
        android:layout_centerInParent="true"
        android:src="@drawable/anim"
        />
</RelativeLayout>
```

代码中可以看出，PowerImageView 的用法和 ImageView 几乎完全一样，使用 android:src 属性来指定一张图片即可，这里指定的 anim 就是一张 GIF 图片。然后让 PowerImageView 在布局里居中显示。

在 AndroidManifest.xml 中还有一点需要注意，有些 4.0 以上系统的手机启动了硬件加速功能之后会导致 GIF 动画播放不出来，因此需要在 AndroidManifest.xml 中去禁用硬件加速功能，可以通过指定 android:hardwareAccelerated 属性来完成，代码如下所示：

```
<?xml version="1.0" encoding="utf-8"?>
<manifest xmlns:android="http://schemas.android.com/apk/res/android"
    package="com.example.AndroidDemo_5.1"
    android:versionCode="1"
    android:versionName="1.0" >
    <uses-sdk
```

```
            android:minSdkVersion="14"
            android:targetSdkVersion="17" />
        <application
            android:allowBackup="true"
            android:icon="@drawable/ic_launcher"
            android:label="@string/app_name"
            android:theme="@style/AppTheme"
            android:hardwareAccelerated="false"
            >
            <activity
                android:name=".MainActivity"
                android:label="@string/app_name" >
                <intent-filter>
                    <action android:name="android.intent.action.MAIN" />
                    <category android:name="android.intent.category.LAUNCHER" />
                </intent-filter>
            </activity>
        </application>
    </manifest>
```

运行项目，打开程序就会看到 GIF 图片的第一帧，点击图片之后就可以播放 GIF 动画，效果如图 5.3 所示。

图 5.3　运行效果图一

还可以通过修改 activity_main.xml 中的代码，给它加上允许自动播放的属性，代码如下所示：

```
<RelativeLayout xmlns:android="http://schemas.android.com/apk/res/android"
    xmlns:attr="http://schemas.android.com/apk/res/com.example.powerimageviewtest"
    android:layout_width="match_parent"
    android:layout_height="match_parent" >
    <com.example.powerimageviewtest.PowerImageView
        android:id="@+id/image_view"
        android:layout_width="wrap_content"
        android:layout_height="wrap_content"
        android:layout_centerInParent="true"
        android:src="@drawable/anim"
        attr:auto_play="true"
        />
</RelativeLayout>
```

这里使用了刚才自定义的属性，通过 attr:auto_play 属性来启用和禁用自动播放功能。现在将 auto_play 属性指定成 true 后，PowerImageView 就不会再显示一个播放按钮，而是会循环地自动播放动画。重新运行一下程序，效果如图 5.4 所示。

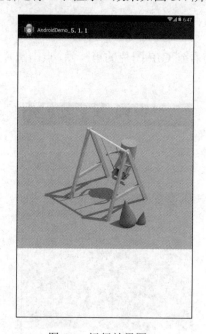

图 5.4　运行效果图二

如果在控件中直接放置一张简单的 PNG 图片，则会显示为正常 ImageView 的功能。

【任务实现】

本次任务主要实现学生通讯录界面设计，使用普遍的通讯录设计风格将学生通讯信息显示在界面上，实现流程如图 5.5 所示。

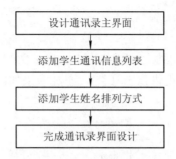

图 5.5　通讯录界面实现流程图

利用技能点中所学到的知识，实现此模块的所有效果，具体方法及步骤如下。

第一步：通讯录主界面设计。在 activity 包下创建 AddressBookActivity.java 文件，并对应在 layout 文件夹下生成对应布局文件 activity_addressbook.xml，在布局文件中添加控件效果如图 5.6 所示。

图 5.6　通讯录主界面

通讯录主界面代码如下所示：

```xml
<?xml version="1.0" encoding="utf-8"?>
<LinearLayout xmlns:android="http://schemas.android.com/apk/res/android"
    android:orientation="vertical" android:layout_width="match_parent"
    android:layout_height="match_parent"
    android:background="#ffffff">
    <include layout="@layout/main_title_bar"/>
    <ListView
        android:id="@+id/lv_communication"
        android:layout_width="match_parent"
```

```
        android:layout_height="match_parent" />
</LinearLayout>
```

第二步：在 utils 文件夹中添加工具类 SideBar.java 文件，此文件用于将列表中的内容以英文字母先后顺序进行排列(提供该工具类)，添加效果如图 5.7 所示。

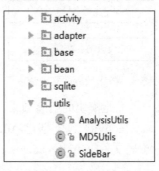

图 5.7　目录结构图

第三步：添加 SideBar 控件，显示内容为英文字母的排列顺序，效果图如图 5.8 所示。

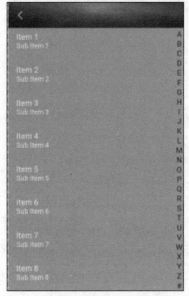

图 5.8　姓名排序

数据填充页面设计代码如下所示：

```xml
<?xml version="1.0" encoding="utf-8"?>
<LinearLayout xmlns:android="http://schemas.android.com/apk/res/android"
    android:orientation="vertical" android:layout_width="match_parent"
    android:layout_height="match_parent"
    android:background="#fff">
        <include layout="@layout/main_title_bar"/>
        <FrameLayout
            android:layout_width="match_parent"
            android:layout_height="match_parent">
```

```
        <ListView
            android:id="@+id/lv_communication"
            android:layout_width="match_parent"
            android:layout_height="match_parent" />
        <kitrobot.com.wechat_bottom_navigation.utils.SideBar
            android:id="@+id/side_bar"
            android:layout_width="match_parent"
            android:layout_height="514dp"
            android:layout_alignParentRight="true"
            android:paddingRight="10dp"
            android:textColor="@color/blue"
            android:textSize="15sp" />
    </FrameLayout>
</LinearLayout>
```

　　第四步：在 res 文件夹下的 values 文件夹中添加 attrs.xml 文件，为自定义的 SideBar 设置自身的属性值，在界面中使用时调用。SideBar 属性值代码如下所示。

```
<?xml version="1.0" encoding="utf-8"?>
<resources>
    <declare-styleable name="SideBar">
        <attr name="scaleSize" format="integer"/>
        <attr name="scaleItemCount" format="integer"/>
        <attr name="scaleWidth" format="dimension"/>
    </declare-styleable>
</resources>
```

　　运行程序，实现效果图如图 5.9 所示。

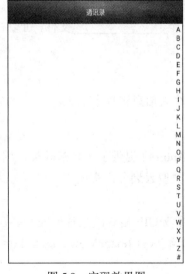

图 5.9　实现效果图

【习题】

一、选择题

1. 自定义 View 视图中不包含以下( )类。

A. 自绘控件   B. 组合控件

C. 继承控件   D. 加载控件

2. 下列用于绘制视图的方法是( )。

A. OnDrawable()   B. onCreate()

C. onCances()   D. onDraw()

3. 自定义控件在界面中通过( )设计。

A. 包名   B. 应用名

C. 包名+应用名+类名   D. 以上说法不正确

4. 在通讯录界面设计中用到了以下( )工具类。

A. AnalysisUtils   B. MD5Utils

C. SideBar   D. ImageUtils

5. 在自定义 View 视图中，自定义控件的其他属性在( )文件中编写。

A. layout.xml   B. SideBar.java

C. attrs.xml   D. values.xml

二、填空题

1. 自定义 View 的实现方式大概可分为三种_____、_____、_____。

2. 在 View 上所展现的全部内容都是由开发者使用_____方法绘制出来。

3. 不需要开发者使用 onDraw()方法绘制，只是需要使用系统原生控件即可，之后将几个系统原生控件组合到一起，最后创建出来的 View 称为_____。

4. 不需要开发者自己重新去实现一个控件，而是去继承一个现有的控件，然后在这个控件上增加一些新的功能，就可以形成一个_____。

5. 在 values 目录下新建一个_____文件，可以在这个文件中添加任何需要自定义的属性。

三、上机题

通过 TabHost 实现首页、个人信息选项卡效果。

【任务总结】

❖ 自定义 View 视图是 Android 提供了一套基础类，用于自定义控件的开发。

❖ 自定义 View 视图按类型来划分，实现方式可以分为自绘控件、组合控件以及继承控件。

❖ 自定义 View 显示并播放 GIF 格式的图片一般需要在 values 目录下添加自定义的属性、编写 PowerImageView 类继承自 ImageView、编写 PowerImageView 类。

工作任务二　通讯录功能开发

【问题导入】

大多数校园 APP 只能通过留言等文字形式沟通，但这样会造成消息不能及时送达到教师与学生中，因此快速地获取学生当前情况成为各大高校的一大难题。为了解决这一难题，开发人员需要将单向的通信服务转变成双向的通信服务。那么如何能够在服务改变的情况下，将服务的监听方式保留，并且将原本的单向通信转变成多向的通信，突破以往通信的局限性？

【学习目标】

通过通讯录模块的实现，了解如何发送 Broadcast 和使用 BroadcastReceiver 接收广播，学习广播接收者组件的注册方法，掌握 Service 启动、绑定、退出等使用方法，具备使用广播接收者、Service 通讯的能力。

【任务描述】

由于学生人数过多，因此多对多的通信方式更加贴切高校教师的需求。要想实现多对多的通信，首先需要以列表的形式显示学生的通信信息，然后设置适配器样式，定义学生通信信息填充方式并进行数据填充，之后启动打电话服务实现通信功能。本任务主要通过介绍 Android 相关服务和如何启动打电话服务，实现学生通讯录模块功能的开发。

【知识与技能】

技能点 1　Android 相关服务

Service 是可以在后台执行长时间操作而不使用用户界面的应用组件，与 Android 四大组件中的 Activity 最相似，代表着可执行程序。Service 与 Activity 的不同点在于：Service 一直都在后台运行，没有用户界面。如果某个程序组件不需要在运行时与用户交互或者显示界面，则使用 Service。一旦 Service 被启动，便具有自己的生命周期。

Service 的生命周期经历了创建到销毁的过程，它有两种启动方式：startService()和 bindService()。启动方式不同，其生命周期也略有差异，两种启动方式的区别是：

- start 和 stop 只能开启和关闭，无法操作 service，且调用者退出后 service 仍然存在。
- bind 和 unbind 可以操作 service，调用者退出后，随着调用者销毁。

Service 生命周期如图 5.10 所示。

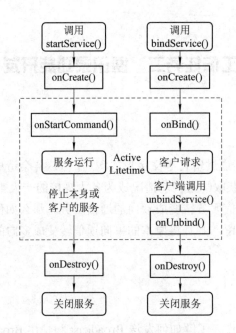

图 5.10　Service 生命周期

在 Service 生命周期过程中相关方法说明如表 5.1 所示。

表 5.1　Service 生命周期相关方法说明

名　称	说　明
startService(Intent service)	启动一个指定的应用程序服务
stopService(Intent service)	停止一个指定的应用程序服务
bindService(Intent, ServiceConnection, int)	连接到一个应用程序服务
unbindService(ServiceConnection conn)	从应用程序断开连接服务
onCreate()	第一次创建 Service 时执行该方法
onStartCommand()	每一次客户端通过调用 startService(Intent service) 显形地启动服务时执行该方法
onBind()	每一次客户端通过调用 bindService(Intent, ServiceConnection, int)隐形地启动服务时执行该方法
onUnbind()	每个客户端断开与服务的绑定时执行该方法
onDestroy()	当 Service 不再使用，并已被删除时执行该方法

当 Activity 调用 bindService()绑定一个已启动的 Service 时，Sercive 的生命周期不会和 Activity 相同的原因是系统把 Service 内部 IBinder 对象传给 Activity，当 Activity 调用 unbindService()方法取消与该 Service()的绑定时，就切断该 Activity 与 Service 之间的关联。但是注意一点，此时并不能停止 Service 组件运行。

Service 的生命周期要比 Activity 的生命周期简单得多，只继承了三个方法：onCreate()、onStart()和 onDestroy()。第一次使用 startService()方法(如图 5.11 所示)启动 Service 时，会依次调用 onCreate()、onStart()这两个方法。当停止 Service 时，就会执行 onDestroy()方法。这里需要注意的是，如果当前 Service 已经启动了，当再次启动 Service 时，不会再执行

onCreate()方法，而是直接执行 onStart()方法。

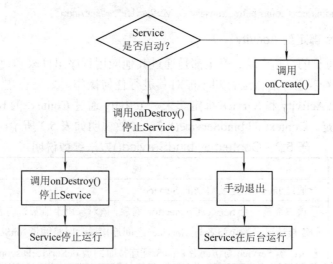

图 5.11　调用 startService()方法启动 Service

1．创建和控制 Service

创建、配置 Service 与创建、配置 Activity 的过程十分相似，首先需要定义一个 Service 子类，然后在 AndroidManifest.xml 文件中配置该 Service，配置时可通过<intent-filter>元素指定服务可被哪些 Intent 启动。创建、配置 Service 的步骤如下。

第一步：定义一个继承 Service 的子类。实现 onBind()方法，返回一个 IBinder 对象，应用程序可通过该对象与 Service 组件通信。

```
public IBinder onBind(Intent intent) {
    System.out.println("bind");
    return null;
}
```

第二步：定义 java 文件，调用 Context 定义的 startService()、stopService()方法来启动、关闭服务。

```
public void start(View v){
    //启动服务
    Intent intent = new Intent(this, MyService.class);
    startService(intent);

}
public void stop(View v){
    Intent intent = new Intent(this, MyService.class);
    stopService(intent);

}
```

第三步：在 AndroidManifest.xml 文件中配置 Service。配置 Service 使用<service>元素，

且无须指定"android:lable"属性，因为 Service 没有界面，总位于后台。

```
<service android:name="com.itheima.runservice.MyService"></service>
```

2．将 Service 绑定到 Activity

Service 是不可见的，其启动、停止都是通过其他应用程序组件来实现，比如启动一个 Service 后就只能看着它在后台运行却不能对其进行任何操作。如果想在 Activity 中操作 Service，则需先把 Activity 和 Service 绑定起来。Activity 通过 Context 的 bindService()方法跟 Service 进行绑定。Context 的 bindService()方法参数说明如表 5.2 所示。

表 5.2　Context 的 bindService()方法参数说明

名　　称	说　　明
service	通过 Intent 指定要启动的 Service
conn	该参数是一个 ServiceConnection 对象，该对象用于监听访问者与 Service 之间的连接情况。当访问者与 Service 之间连接成功时将回调 onServiceConnected()方法；当 Service 与访问者之间断开连接时回调 onServiceDisconnected()方法
flags	指定绑定时是否自动创建 Service，该参数可指定为 0(不自动创建)或 BIND_AUTO_CREATE(自动创建)

当访问者与 Service 之间连接成功时，回调的 onServiceConnected()方法中提供一个 IBinder onBind()方法，在绑定本地 Service 的情况下，onBind()方法将会返回 IBinder 对象，该对象实现与被绑定 Service 之间的通信。实际开发中通常采用继承 IBinder()的实现类来实现 IBinder 对象。

在 Activity 中绑定 Service，并获取 Service 的运行状态，实现效果如图 5.12 所示。

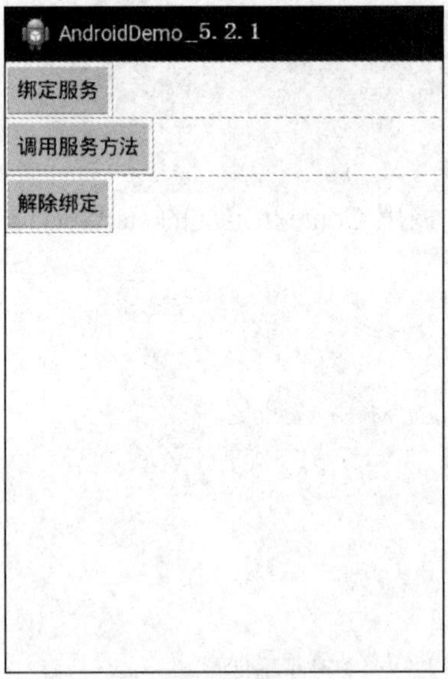

图 5.12　效果图

运行该程序，单击"绑定服务"按钮，则在 Android Studio 的控制台看到如图 5.13 所示的输出效果。

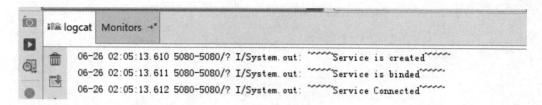

图 5.13　输出效果一

单击"解除绑定"按钮，则在 Android Studio 的控制台看到如图 5.14 所示的输出效果。

```
06-26 02:06:38.885 5080-5080/? I/System.out:      Service is unbinded
06-26 02:06:38.886 5080-5080/? I/System.out:      Service is destroyed
```

图 5.14　输出效果二

单击"调用服务方法"按钮，则在 Android Studio 的控制台看到如图 5.15 所示的运行效果。

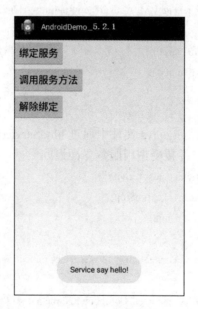

图 5.15　运行效果

为实现以上效果，具体步骤如下。

第一步：新建 Android 项目，命名为 AndroidDemo_5.2.1。

第二步：定义一个 Service 类，实现调用服务方法，并返回"Service say hello!"，代码如下所示。

```
public class MessengerSer extends Service {
    private final String TAG="main";
    static final int MSG_SAY_HELLO = 1;
    public class IncomingHandler extends Handler {
        @Override
```

```java
public void handleMessage(Message msg) {
    switch (msg.what) {
    case MSG_SAY_HELLO:
        Toast.makeText(getApplicationContext(), "Service say hello!",
                Toast.LENGTH_SHORT).show();
        Log.i(TAG, "Service say hello!");
        break;
    default:
        super.handleMessage(msg);
    }
}
//将该界面数据返回至主界面并显示
IncomingHandler incomingHandler=new IncomingHandler();
final Messenger mMessenger=new Messenger(new IncomingHandler());
@Override
public IBinder onBind(Intent arg0) {
    return mMessenger.getBinder();
}
}
```

第三步：在 MessengerActivity.java 文件中通过 bindService()、unbindService()等方法实现服务绑定、解除绑定功能，并接受调用服务界面返回数据，代码如下所示。

```java
public class MessengerActivity extends Activity {
    private Button btnStart, btnInvoke, btnStop;
    private Messenger mService = null;
//接受调用服务界面数据
    private ServiceConnection mConnection = new ServiceConnection() {
        @Override
        public void onServiceDisconnected(ComponentName name) {
            mService = null;
        }
        @Override
        public void onServiceConnected(ComponentName name, IBinder service) {
            // 使用服务端的 IBinder 对象实例化一个 Messenger 对象
            mService = new Messenger(service);
        }
    };
    @Override
    protected void onCreate(Bundle savedInstanceState) {
```

```
        // TODO Auto-generated method stub
        super.onCreate(savedInstanceState);
//实现界面初始化
        setContentView(R.layout.layout_service);
        btnStart = (Button) findViewById(R.id.btnStartSer);
        btnInvoke = (Button) findViewById(R.id.btnInvokeMethod);
        btnStop = (Button) findViewById(R.id.btnStopSer);
        btnStart.setOnClickListener(onclick);
        btnInvoke.setOnClickListener(onclick);
        btnStop.setOnClickListener(onclick);
    }
//设计绑定、解绑、调用等点击事件
    View.OnClickListener onclick = new View.OnClickListener() {
        @Override
        public void onClick(View v) {
            switch (v.getId()) {
//绑定服务功能实现
            case R.id.btnStartSer:
                Toast.makeText(getApplicationContext(), "绑定服务成功",
Toast.LENGTH_SHORT).show();
                bindService(new Intent(getApplicationContext(),MessengerSer.class), mConnection,
Service.BIND_AUTO_CREATE);
                break;
//调用服务方法实现
            case R.id.btnInvokeMethod:
                if(mService==null){
                    Toast.makeText(getApplicationContext(), "请先绑定服务",
Toast.LENGTH_SHORT).show();
                    return ;
                }
                // 实例化一个 Message 对象
                Message msg=Message.obtain(null, MessengerSer.MSG_SAY_HELLO, 0, 0);
                try{
                    // 把 Message 独享传递给服务端处理
                    mService.send(msg);
                }
                catch(RemoteException e){
                    e.printStackTrace();
                }
```

```
            break;
//解除绑定方法实现
        case R.id.btnStopSer:
            Toast.makeText(getApplicationContext(), "服务解除绑定",
Toast.LENGTH_SHORT).show();
            unbindService(mConnection);
            mService=null;
            break;
        default:
            break;
        }
    }
    };
}
```

第四步：在 AndroidManifest.xml 中对 Service 进行如下配置：

```
<service android:name=".BindService"></service>
```

技能点 2　广播的使用

在程序中发送广播十分简单，需要调用 Context 的 sendBroadcast()方法，广播将会启动 Intent 参数所对应的 BroadcastReceiver。以下是对如何发送 Broadcast 及使用 BroadcastReceiver 接收广播的介绍。

1．广播接收者的使用

1）广播接收者简介

BroadcastReceiver 是 Android 系统的四大组件之一。BroadcastReceiver 监听的事件源是 Android 应用中的其他组件，如 startService()方法启动的 Service 之间的通信，就可以借助 BroadcastReceiver 来实现，广播流程图如图 5.16 所示。

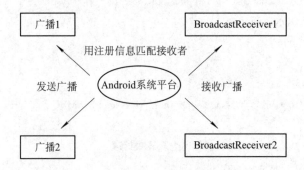

图 5.16　广播流程图

BroadcastReceiver 用于接收程序所发出的 Broadcast Intent，与应用程序启动 Activity、Service 一样，需要以下两步启动：

- 创建需要启动 BroadcastReceiver 的 Intent；

• 调用 Context 的 sendBroadcast()方法或 sendOrderedBroadcast()方法启动指定的 BroadcastReceiver。

2) 广播接收者的注册方法

实现 BroadcastReceiver 的方法只需重写 BroadcastReceiver 的 onReceive()方法即可。实现 BroadcastReceiver 需注册，指定该 BroadcastReceiver 所匹配的 Intent。以下有两种方法，分别是动态注册与静态注册。

(1) 动态注册：调用 BroadcastReceiver 类的 Context 的 registerReceiver()方法。动态注册的特点是，在代码中进行注册后，当应用程序关闭，就不再进行监听。实现方法如下所示。

```
//实现动态注册功能
MyReceiver receiver = new MyReceiver();
IntentFilter filter = new IntentFilter();
filter.addAction("android.intent.action.MY_BROADCAST");
registerReceiver(receiver, filter);    //注册
```

(2) 静态注册：在 AndroidManifest.xml 文件中配置。静态注册的特点是常驻注册，不论该应用是否处于活动状态，如有广播传来，将会被系统调用自动运行。实现方法如下所示。

```
<!--静态注册     广播接收者名称-->
<receiver android:name=" ">
<intent-filter>
<!-- Intent-filter 过滤条件  -->
<category android:name=" ">
</intent-filter>
</receiver>
```

3) 广播事件的执行

每次执行系统 Broadcast(广播)事件，就会创建对应的 BroadcastReceiver 实例，并自动触发它的 onReceive()方法。onReceive()方法执行结束后，BroadcastReceiver 实例会被销毁。

若 BroadcastReceiver 的 onReceive()方法在 10 秒内不能执行完成，系统会认为程序无响应，所以不能在 BroadcastReceiver 的 onReceive()方法里执行一些耗时的操作，否则会弹出 ANR 对话框。

若需要根据 Broadcast 完成一个比较耗时的操作时，可以通过 Intent 启动一个 Service 完成该操作。所以 BroadcastReceiver 本身的生命周期很短，不能使用新线程去完成耗时操作，因为可能会出现线程没结束，BroadcastReceiver 就已退出的情况。BroadcastReceiver 一旦结束，此时它所在的进程很容易在系统需要内存时被优先杀死，因为它属于空进程(没有任何活动组件的进程)。如果所在进程被杀死，它工作的子线程也会被杀死。采用子线程来解决有太多的问题，所以不建议使用。

广播接收者(BroadcastReceiver)其实是一种用于接收广播的 Intent。广播 Intent 的发送是通过调用 Context.sendBroadcast()、Context.sendOrderedBroadcast()方法实现的。订阅了此

Intent 的多个广播接收者都可以接收此广播。要实现一个广播接收者方法步骤如下：

(1) 继承 BroadcastReceiver，并重写 onReceive()方法。

```
//继承 BroadcastReceiver
public class IncomingSMSReceiver extends BroadcastReceiver {
    @Override
  public void onReceive(Context context, Intent intent) {

  }
}
```

(2) 订阅感兴趣的广播 Intent，订阅方法有两种。

- 使用代码进行订阅；
- 在 AndroidManifest.xml 文件中的<application>节点里进行订阅。

```
public class IncomingSMSReceiver extends BroadcastReceiver {
@Override
  public void onReceive(Context context, Intent intent) {
        //发送 Intent 启动服务，由服务来完成比较耗时的操作
        Intent service = new Intent(context, XxxService.class);
        context.startService(service);

  }
```

除接收短信广播 Intent 外，Android 还有很多广播 Intent，如电池电量变化、开机启动、时间已经改变等。

接收电池电量变化广播 Intent，在 AndroidManifest.xml 文件中的<application>节点里订阅此 Intent。

```
<receiver android:name=".IncomingSMSReceiver">
<intent-filter>
    <action android:name="android.intent.action.BATTERY_CHANGED"/>
  </intent-filter>
</receiver>
```

接收开机启动广播 Intent，在 AndroidManifest.xml 文件中的<application>节点里订阅此 Intent。

```
<receiver android:name=".IncomingSMSReceiver">
<intent-filter>
    <action android:name="android.intent.action.BOOT_COMPLETED"/>
  </intent-filter>
</receiver>
```

进行权限声明。

```
<uses-permission android:name="android.permission.RECEIVE_BOOT_COMPLETED"/>
```

2. 广播的类型

Broadcast 分为普通广播和有序广播。普通广播只能够在应用程序的内部进行传递，并

且广播接收器也只能接收来自本应用程序发出的广播，这样就提高了数据传播的安全性。但普通广播无法通过静态注册的方式来接收。普通广播使用 LocalBroadcastManager 来对广播进行管理，并提供了发送广播及注册广播接收器的方法。

普通广播对于多个接收者来说是完全异步的，每个接收者都不需要等待便可以接收到广播，接收者之间不会有影响。接收者无法终止其他接收者的接收动作。图 5.17、图 5.18 分别为普通广播和有序广播的发送过程示意图。

图 5.17　普通广播发送过程　　　　　图 5.18　有序广播发送过程

有序广播(Ordered Broadcast)比较特殊，它每次只发送给优先级较高的接收者，然后由优先级高的接收者再传播到优先级低的接收者，优先级高的接收者有能力终止这个广播。Broadcast Intent 的传播一旦终止，后面的接收者将无法接收到 Broadcast。

Context 提供以下两种方法用于发送广播，如表 5.3 所示。

表 5.3　发送广播的两种方式

方法名称	说　明
sendBroadcast()	发送普通广播
sendOrderedBroadcast()	发送有序广播

对于 Ordered Broadcast 而言，优先接收到 Broadcast 的接收者可以通过 setResultExtras() 方法将处理结果存入 Broadcast 中，然后传给下一个接收者，下一个接收者通过代码 Bundle bundle = getResultExtras(true)可以获取上一个接收者存入的数据。

有序广播的注意事项有以下几点：

(1) 有序广播被广播接收器接收时，广播接收器注册也可以不设置监听优先级，即 <intent-filter android:priority="1000">中的"android:priority"属性不用配置。如果不设置仍然可以监听到广播，就可以按照监听普通广播一样监听有序广播(但是这样一来就是另一种监听顺序)。

(2) BoradcastReceiver 中的 public final boolean isOrderedBroadcast()方法，可以判断当前进程正监听到的广播是否有序，如果有序返回 true，无序返回 false。

(3) 广播是否有序与广播是否有权限无关，两者也可以结合使用。

(4) 多个广播接收器监听有序广播时，如果没有按照监听有序广播的形式去监听，即在注册广播接收器时不设置优先级，不同项目中的广播接收器的监听顺序就是任意的，如果在一个项目中想先收到广播，则在清单文件中就要先注册。

(5) 系统收到短信时，发出的 Broadcast 就是 Ordered Broadcast。如果要实现阻止用户收到短信，就可以通过设置优先级，让自定义的 BoradcastReceiver 先获取到 Boradcast，然后终止 Boradcast。

1) 广播的发送

接收自定义的普通广播，首先要发送广播。在 MainActivity 中编写如下代码：

```java
public class MainActivity extends AppCompatActivity {
    private Button btn_send;
    @Override
    protected void onCreate(Bundle savedInstanceState) {
        super.onCreate(savedInstanceState);
        setContentView(R.layout.activity_main);
        btn_send = (Button) findViewById(R.id.btn_send);
        btn_send.setOnClickListener(new View.OnClickListener() {
            @Override
            public void onClick(View view) {
                //开启广播
                //创建一个意图对象
                Intent intent = new Intent();
                //指定发送广播的频道
                intent.setAction("com.example.BROADCAST");
                //发送广播的数据
                intent.putExtra("key", "发送普通广播，顺便传递的数据");
                //发送
                sendBroadcast(intent);
            }
        });
    }
    //接收广播，需要新建一个 UnorderedReceiver 类，继承 BroadcastReceiver
    public class UnorderedReceiver extends BroadcastReceiver {
        @Override
        public void onReceive(Context context, Intent intent) {
            String action = intent.getAction();
            String data = intent.getStringExtra("key");
            System.out.println("接收到了广播,action:"+ action +",data:"+data);
    //接收了广播。action：com.example.BROADCAST；data：发送普通广播，接着传递数据
        } }
}
```

在清单文件中进行注册，代码如下所示：

```xml
<?xml version="1.0" encoding="utf-8"?>
<manifest xmlns:android="http://schemas.android.com/apk/res/android"
    package="app.com.example.androiddemo_243">
    <uses-permission android:name="android.permission.RECEIVE_SMS"></uses-permission>
```

```xml
<application
    android:allowBackup="true"
    android:icon="@mipmap/ic_launcher"
    android:label="@string/app_name"
    android:roundIcon="@mipmap/ic_launcher_round"
    android:supportsRtl="true"
    android:theme="@style/AppTheme">
    <activity android:name=".MainActivity">
        <intent-filter>
            <action android:name="android.intent.action.MAIN" />
            <category android:name="android.intent.category.LAUNCHER" />
        </intent-filter>
    </activity>
    <receiver
        android:name=".MainActivity$UnorderedReceiver" >
        <intent-filter>
            <!-- 动作设置为发送的广播动作 -->
            <action android:name="com.example.BROADCAST"/>
        </intent-filter>
    </receiver>
</application>
</manifest>
```

运行程序后看到打印结果，如图 5.19 所示。

Tag	Text
System.out	接受到了广播,action:com.example.BROADCAST,data:发送无字广播,顺便传递的数据

图 5.19　打印结果

2) 广播的接收

BroadcastReceiver 的一个重要用途就是接收系统广播。当应用需要在系统特定时刻执行某些操作时，就可以通过监听系统广播来实现。Android 的大量系统时间都会对外发送普通广播。Android 常见的广播 Action 常量如表 5.4 所示。

表 5.4　系统广播 Action 常量说明

变量名称	说　　明
ACTION_TIME_CHANGED	系统时间被改变
ACTION_DATA_ CHANGED	系统日期被改变
ACTION_TIMEZONE_ CHANGED	系统时区被改变
ACTION_BOOT_COMPLETED	系统启动完成
ACTION_PACKAGE_ADDED	系统添加包

续表

变 量 名 称	说　明
ACTION_PACKAGE_CHANGED	系统的包改变
ACTION_PACKAGE_REMOVED	系统的包被删除
ACTION_PACKAGE_RESTARTED	系统的包被重启
ACTION_PACKAGE_DATA_CLEARED	系统的包数据被清空
ACTION_BATTERY_CHANGED	电池电量改变
ACTION_BATTERY_LOW	电池电量低
ACTION_POWER_CONNECTED	系统连接电源
ACTION_POWER_DISCONNECTED	系统与电源断开
ACTION_SHUTDOWN	系统被关闭

设置广播接收的步骤如下。

第一步：在 MainActivity 中定义了一个内部类 NetworkChangeReceiver，它继承自 BroadcastReceiver，并重写了 onReceive()方法。这样只要网络状态发生变化，onReceive() 方法就会得到执行，代码如下所示。

```
public class MainActivity extends AppCompatActivity {
    private IntentFilter intentFilter;
    private NetworkChangeReceiver networkChangeReceiver;
    @Override
    protected void onCreate(Bundle savedInstanceState) {
        super.onCreate(savedInstanceState);
        setContentView(R.layout.activity_main);
        //注册"网络变化"的广播接收器
        intentFilter = new IntentFilter();
        intentFilter.addAction("android.net.conn.CONNECTIVITY_CHANGE");
        networkChangeReceiver = new NetworkChangeReceiver();
        registerReceiver(networkChangeReceiver, intentFilter);
    }
    @Override
    protected void onDestroy() {
        super.onDestroy();
        unregisterReceiver(networkChangeReceiver);
    }
    /**
     * "网络变化"的广播接收器
     */
    private class NetworkChangeReceiver extends BroadcastReceiver {
        @Override
```

```
public void onReceive(Context context, Intent intent) {
    ConnectivityManager manager=(ConnectivityManager)getSystemService(
            Context.CONNECTIVITY_SERVICE);
    NetworkInfo networkInfo=manager.getActiveNetworkInfo();
    if(networkInfo!=null&&networkInfo.isAvailable()){
        Toast.makeText(context,"网络可用",Toast.LENGTH_SHORT).show();
    }else{
        Toast.makeText(context,"网络不可用",Toast.LENGTH_SHORT).show();
    }
}
}
}
```

在 onReceive()方法中，通过 getSystemService()方法得到 ConnectivityManager 的实例(管理网络连接)，这样就可以判断出当前是否有网络。在 onCreate()方法中，创建 IntentFilter 实例，用于监听网络状态的变化。广播接收器想要监听什么广播，就在此添加相应的 Action。最后调用 registerReceiver()方法进行注册。

第二步：在清单文件中进行权限声明，代码如下所示。

```
<uses-permission android:name="android.permission.ACCESS_NETWORK_STATE"/>
```

运行程序，然后单击"Home"→"Menu"→"System settings"→"Data usage"，进入数据使用详情界面。关闭 Cellular Data 会弹出"网络不可用"的提示，效果如图 5.20 所示。

重新打开 Cellular Data，会弹出"网络可用"的提示，效果如图 5.21 所示。

图 5.20　网络不可用

图 5.21　网络可用

技能点 3　TabHost(选项卡)

TabHost 是用来实现导航栏布局切换页面的，是一种非常实用的组件。在界面设计过程中，TabHost 可以很方便地在页面上放置多个标签页，每个标签页都可获得一个与外部容器相同大小的组件摆放区域。使用该组件就可以在一个容器中放置更多的组件。

1．TabHost 的常用组件

与 TabHost 结合使用的有如下组件：

(1) TabWidget。TabWidget 组件就是 TabHost 标签页中上部或者下部的按钮，可以点击按钮切换选项卡；

(2) TabSpec。TabSpec 组件代表选项卡的一个 Tab 界面，添加一个 TabSpec 即可添加到 TabHost 中。

TabHost 是一个简单的容器，在创建 TabSpec 时使用 newTabSpec()方法，添加 TabSpec 时使用 addTab()方法。

2．TabHost 的使用步骤

第一步：定义布局。在 XML 文件中定义 TabHost 组件，并为其定义一个 FrameLayout 选项卡内容。

第二步：继承 TabActivity。显示选项卡组件的 Activity 继承 TabActivity。

第三步：获取组件。通过调用 getTabHost()方法，获取 TabHost 对象。前提是在布局文件中设置 Android 自带的 id："android:id="@android:id/tabhost""。

第四步：创建添加选项卡。调用 TabHost 组件的 newTabHost(tag)，其中的 tag 是字符串，即在选项卡中的唯一标识。

第五步：设置选项卡。设置按钮名称为 setIndicator("xx")；设置选项卡内容为 setContent()；添加选项卡为 tabHost.add(tag)，传入的参数是创建选项卡的唯一标识。

3．TabHost 的布局文件

(1) 根标签及 id。

在布局文件中，使用<TabHost>标签设置选项卡，其中的 id 需要引用 Android 的自带 id，如"android:id="@android:id/tabhost""。

```
<TabHost
    android:id="@android:id/tabhost"
    android:layout_width="match_parent"
    android:layout_height="match_parent" >
```

(2) TabWidget 组件。

TabWidget 组件是选项卡的切换按钮，通过点击该组件可以切换选项卡。其中的 id 需要引用 Android 自带的 id(android:id="@android:id/tabs")。该组件与 FrameLayout 组件是 TabHost 组件中必备的两个组件。

```
<TabWidget
    android:id="@android:id/tabs"
```

```
        android:layout_width="fill_parent"
        android:layout_height="wrap_content"
        android:orientation="horizontal"/>
```

（3）FrameLayout 组件。

FrameLayout 组件中定义的子组件是 TabHost 中每个页面显示的选项卡，可以将 TabHost 选项卡显示在视图定义中。其中的 id 需要引用 Android 自带的 id(android:id="@android:id/tabcontent")，代码如下所示：

```
<FrameLayout
        android:id="@android:id/tabcontent"
        android:layout_width="fill_parent"
        android:layout_height="fill_parent"
        android:layout_weight="1">
```

通过以上内容的所学，创建并编写程序，实现点击标题界面进行切换，效果如图 5.22 所示。

图 5.22　界面切换效果

实现以上效果的步骤如下。

第一步：新建 Android 项目，命名为 AndroidDemo_5.2.2。

第二步：双击 activity_main.xml 文件，定义布局文件，使用线性布局定义三张图片，代码如下所示。

```
<?xml version="1.0" encoding="utf-8"?>
<TabHost xmlns:android="http://schemas.android.com/apk/res/android"
        android:id="@android:id/tabhost"
        android:layout_width="match_parent"
        android:layout_height="match_parent"
        >
```

```xml
<LinearLayout
    android:layout_width="fill_parent"
    android:layout_height="fill_parent"
    android:orientation="vertical"
    >
    <TabWidget
        android:layout_width="fill_parent"
        android:layout_height="wrap_content"
        android:id="@android:id/tabs"
        android:orientation="horizontal"/>
    <FrameLayout
        android:layout_width="fill_parent"
        android:layout_height="fill_parent"
        android:id="@android:id/tabcontent"
        android:layout_weight="1">
        <LinearLayout
            android:layout_width="fill_parent"
            android:layout_height="fill_parent"
            android:orientation="vertical"
            android:id="@+id/one">
            <ImageView
                android:layout_width="fill_parent"
                android:layout_height="fill_parent"
                android:src="@drawable/one"
                android:scaleType="fitXY"/>
        </LinearLayout>
        <LinearLayout
            android:layout_width="fill_parent"
            android:layout_height="fill_parent"
            android:orientation="vertical"
            android:id="@+id/two">
            <ImageView
                android:layout_width="fill_parent"
                android:layout_height="fill_parent"
                android:src="@drawable/two"
                android:scaleType="fitXY"/>
        </LinearLayout>
        <LinearLayout
            android:layout_width="fill_parent"
            android:layout_height="fill_parent"
```

```
            android:orientation="vertical"
            android:id="@+id/three">
        <ImageView
            android:layout_width="fill_parent"
            android:layout_height="fill_parent"
            android:src="@drawable/three"
            android:scaleType="fitXY"/>
        </LinearLayout>
    </FrameLayout>
</LinearLayout>
</TabHost>
```

第三步：双击 MainActivity.java 文件，定义 java 文件，调用 getHost()方法获取 TabHost，设置选项卡名称和内容，最后添加选项卡，代码如下所示。

```
public class MainActivityon extends TabActivity {
    @Override
    protected void onCreate(Bundle savedInstanceState) {
        super.onCreate(savedInstanceState);
        setContentView(R.layout.activity_main_activityon);
        //调用 getHost()方法获取 TabHost
        TabHost tabHost    = getTabHost();
        //设置选项卡名称和内容
        TabHost.TabSpec page1 = tabHost.newTabSpec("tab1").setIndicator("第一页").setContent(R.id.one);
        //添加选项卡
        tabHost.addTab(page1);
        TabHost.TabSpec page2 = tabHost.newTabSpec("tab2").setIndicator("第二页").setContent(R.id.two);
        tabHost.addTab(page2);
        TabHost.TabSpec page3 = tabHost.newTabSpec("tab3").setIndicator("第三页").setContent(R.id.three);
        tabHost.addTab(page3);
    }
}
```

运行程序实现效果如图 5.22 所示。

【任务实现】

本次任务主要实现学生通讯录功能的开发，将学生的通信信息通过列表方式显示，并可以拨打电话，实现流程如图 5.23 所示。

利用技能点中所学的知识，实现此模块的所有效果，具体方法及步骤如下。

第一步：通过效果图可以发现通讯录中的所有数据是

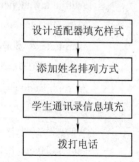

图 5.23　通讯录功能实现流程图

由一个字母行、图片和姓名组成，数据结构相对较复杂。在 layout 文件夹中创建 item.xml 文件，规定数据的排列方式，效果如图 5.24 所示。

图 5.24　数据排列方式布局图

定义数据排列方式代码如下所示：

```xml
<?xml version="1.0" encoding="utf-8"?>
<LinearLayout xmlns:android="http://schemas.android.com/apk/res/android"
    android:layout_width="match_parent"
    android:layout_height="wrap_content"
    android:gravity="center_vertical"
    android:orientation="vertical" >
    <TextView
        android:id="@+id/student_catalog"
        android:layout_width="match_parent"
        android:layout_height="match_parent"
        android:background="#E0E0E0"
        android:textColor="#454545"
        android:textSize="20sp"
        android:padding="10dp"/>
    <LinearLayout
        android:layout_width="match_parent"
        android:layout_height="match_parent"
        android:orientation="horizontal"
```

```
        >
        <ImageView
            android:id="@+id/student_img"
            android:layout_width="60dp"
            android:layout_height="60dp"
            android:src="@drawable/student"
            android:layout_marginLeft="10dp"
            android:padding="10dp"/>
        <TextView
            android:id="@+id/student_name"
            android:layout_width="match_parent"
            android:layout_height="match_parent"
            android:gravity="center_vertical"
            android:textColor="#1E90FF"
            android:textSize="16sp"
            android:padding="10dp"
            android:layout_marginLeft="30dp"/>
    </LinearLayout>
</LinearLayout>
```

第二步：在 bean 文件夹中创建 User.java 类，通过此类中的 Get 方法获取到所要显示的内容。在此类中也将汉字获取成拼音并将其转换成大写，使其获取到的数据按拼音大写字母进行排序。类中重写的 comparTo()方法，与其非拼音字符做比较得出结果。在类的编写时，用到了汉字转拼音，所以要在 gradle 文件中添加依赖，直接将此段代码(compile 'com.belerweb:pinyin4j:2.5.1')粘贴在 build.gradle 文件中，效果如图 5.25 所示。

```
dependencies {
    compile fileTree(include: ['*.jar'], dir: 'libs')
    androidTestCompile('com.android.support.test.espresso:espresso-core:2.2.2', {
        exclude group: 'com.android.support', module: 'support-annotations'
    })
    compile 'com.android.support:appcompat-v7:25.3.1'
    compile 'com.android.support.constraint:constraint-layout:1.0.0-alpha9'
    compile 'com.belerweb:pinyin4j:2.5.1'
    compile 'com.github.bumptech.glide:glide:3.7.0'
    testCompile 'junit:junit:4.12'
    compile project(':zxinglib')
}
```

图 5.25　build.gradle 配置文件

创建 User 类代码如下所示：

```
public class User implements Comparable<User> {
    private String name;          // 姓名
    private String pinyin;        // 姓名对应的拼音
    private String firstLetter;   // 拼音的首字母
```

```java
public User(String name) {
    this.name = name;
    pinyin = Cn2Spell.getPinYin(name);         // 根据姓名获取拼音
    firstLetter = pinyin.substring(0, 1).toUpperCase();    //获取拼音首字母并转成大写
    if (!firstLetter.matches("[A-Z]")) {        //如果不在 A-Z 中则默认为 "#"
        firstLetter = "#";
    }
}
public String getName() {
    return name;
}
public String getPinyin() {
    return pinyin;
}
public String getFirstLetter() {
    return firstLetter;
}
@Override
public int compareTo(User another) {
    if (firstLetter.equals("#") && !another.getFirstLetter().equals("#")) {
        return 1;
    } else if (!firstLetter.equals("#") && another.getFirstLetter().equals("#")){
        return -1;
    } else {
        return pinyin.compareToIgnoreCase(another.getPinyin());
    }
}
```

此段代码中用到了汉字转英文的一个工具类(Cn2Spell.java)，依照前面出现工具类的处理方式，工具类直接提供，将此工具类复制到 utils 文件夹下，效果如图 5.26 所示。

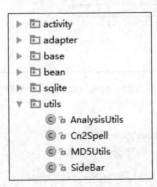

图 5.26　目录结构

第三步：数据格式完成后，需要通过适配器与其绑定，再将数据传入适配器才能正常显示数据。那么在 adapter 文件夹下创建 SortAdapter.java 文件用于绑定数据填充布局。适配器样式代码如下所示。

```java
public class SortAdapter extends BaseAdapter {
    private List<User> list = null;
    private Context mContext;
    public SortAdapter(Context mContext, List<User> list) {
        this.mContext = mContext;
        this.list = list;
    }
    public int getCount() {
        return this.list.size();
    }
    public Object getItem(int position) {
        return list.get(position);
    }
    public long getItemId(int position) {
        return position;
    }
    public View getView(final int position, View view, ViewGroup arg2) {
        ViewHolder viewHolder;
        final User user = list.get(position);
        if (view == null) {
            viewHolder = new ViewHolder();
            view = LayoutInflater.from(mContext).inflate(R.layout.item, null);
            viewHolder.student_name = (TextView) view.findViewById(R.id.student_name);
            viewHolder.student_catalog = (TextView) view.findViewById(R.id.student_catalog);
            viewHolder.student_img = (ImageView) view.findViewById(R.id.student_img);
            view.setTag(viewHolder);
        } else {
            viewHolder = (ViewHolder) view.getTag();
        }
        //根据 position 获取首字母作为目录 catalog
        String catalog = list.get(position).getFirstLetter();
        //如果当前位置等于该分类首字母的 Char 的位置，则认为是第一次出现
        if(position == getPositionForSection(catalog)){
            viewHolder.student_catalog.setVisibility(View.VISIBLE);
            viewHolder.student_catalog.setText(user.getFirstLetter().toUpperCase());
        }else{
```

```
                    viewHolder.student_catalog.setVisibility(View.GONE);
            }
            viewHolder.student_name.setText(this.list.get(position).getName());
            viewHolder.student_img.setImageResource(R.drawable.student);
            return view;
        }
        final static class ViewHolder {
            TextView student_catalog;
            TextView student_name;
            ImageView student_img;
        }
        /**
         * 获取 catalog 首次出现位置
         */
        public int getPositionForSection(String catalog) {
            for (int i = 0; i < getCount(); i++) {
                String sortStr = list.get(i).getFirstLetter();
                if (catalog.equalsIgnoreCase(sortStr)) {
                    return i;
                }
            }
            return -1;
        }
    }
```

第四步：字母行的内容和图片信息无须获取数据库中的数据，只要将项目中的内容直接放置在上面即可。而姓名信息则需要从数据库中获取，再将其填入适配器中。填充数据具体代码如下所示。

```
public class AddressBookActivity extends AppCompatActivity {
    private ArrayList<User> list;
    private TextView tv_back,tv_main_title;
    private ListView lv_record;
    private SideBar sideBar;
    private String number;
    @Override
    protected void onCreate(Bundle savedInstanceState) {
        super.onCreate(savedInstanceState);
        setContentView(R.layout.activity_addressbook);
        initview();
        initData();
```

```
    }
    private void initview() {
        tv_main_title=(TextView)findViewById(R.id.tv_main_title);
        tv_main_title.setText("通讯录");
        tv_back=(TextView)findViewById(R.id.tv_back);
        tv_back.setVisibility(View.GONE);
        lv_record=(ListView)findViewById(R.id.lv_communication);
        //此处添加代码的片段(代码段 1)
        sideBar = (SideBar)findViewById(R.id.side_bar);
        sideBar.setOnStrSelectCallBack(new SideBar.ISideBarSelectCallBack() {
                @Override
                public void onSelectStr(int index, String selectStr) {
                    for (int i = 0; i < list.size(); i++) {
                        if (selectStr.equalsIgnoreCase(list.get(i).getFirstLetter())) {
                            lv_record.setSelection(i);      // 选择到首字母出现的位置
                            return;
                        }
                    }
                }
        });
    }
    private void initData() {
        list = new ArrayList<>();
        SQLiteHelper sql = new SQLiteHelper(AddressBookActivity.this);
        Cursor c = sql.doStudentQuey();
        while (c.moveToNext()){
            String name = c.getString(1);
            list.add(new User(name));
        }
        c.close();
        sql.close();
        Collections.sort(list);          //对 list 进行排序，需要让 User 实现 Comparable 接口重写
                                         compareTo 方法
        SortAdapter adapter = new SortAdapter(AddressBookActivity.this, list);
        lv_record.setAdapter(adapter);
    }
}
```

　　第五步：点击列表电话信息，使其以提示框的形式显示，显示内容较复杂，需使用到自定义提示框，在 layout 文件夹下创建 dialog.xml 文件来定义显示内容格式提示框，效果

如图 5.27 所示。

图 5.27　自定义提示框效果图

自定义提示框代码如下所示：

```xml
<?xml version="1.0" encoding="utf-8"?>
<LinearLayout
    xmlns:android="http://schemas.android.com/apk/res/android"
    android:layout_width="match_parent"
    android:layout_height="100dp"
    android:orientation="vertical"
    android:background="#ffffff"
    android:gravity="center_vertical"
>
    <TextView
        android:id="@+id/tv_name"
        android:layout_width="wrap_content"
        android:layout_height="0dp"
        android:layout_weight="1"
        android:textSize="15sp"
        android:textColor="#000"
        android:layout_marginTop="20dp"
        android:text="姓名：张三"
        android:layout_marginLeft="80dp"/>
    <TextView
```

```
            android:id="@+id/tv_phone"
            android:layout_width="wrap_content"
            android:layout_height="0dp"
            android:layout_weight="1"
            android:textSize="15sp"
            android:textColor="#000"
            android:layout_marginTop="20dp"
            android:text="电话：13912101425"
            android:layout_marginBottom="15dp"
            android:layout_marginLeft="80dp"/>

    </LinearLayout>
```

第六步：点击每名学生所在的列即可拨打电话(此处将拨打的电话号码以随机数的方法生成，但是其号码满足电话号码的一般要求)。拨打电话时，后台会调用手机本身的打电话服务功能，即可正常通信，效果如图 5.28 所示。

图 5.28　进行拨打电话

拨打电话服务代码如下所示：

```
lv_record.setOnItemClickListener(new AdapterView.OnItemClickListener() {
    @Override
    public void onItemClick(AdapterView<?> parent, View view, int position, long id) {
        final String phone = phone();
        //使用 dialog 提示框
        AlertDialog.Builder builder = new
        AlertDialog.Builder(AddressBookActivity.this);
```

```
                        //自定义提示框布局
                        View    views    =
                        LayoutInflater.from(getActivity()).inflate(R.layout.dialog,null);
                        builder.setIcon(android.R.drawable.ic_dialog_info);
                        builder.setTitle("拨打电话");
                        final TextView tv_name = (TextView) views.findViewById(R.id.tv_name);
                        final TextView tv_phone = (TextView)
                        views.findViewById(R.id.tv_phone);
                        //提示框显示=内容
                        tv_name.setText("姓名："+ list.get(position).getName());
                        tv_phone.setText("电话："+ phone);
                        builder.setView(views);
                        //点击拨打按钮进行拨号
                        builder.setPositiveButton("拨打", new DialogInterface.OnClickListener() {
                            @Override
                            public void onClick(DialogInterface dialog, int which) {
                                Intent intent = new Intent(Intent.ACTION_DIAL);
                                Uri data = Uri.parse("tel:" + phone);
                                intent.setData(data);
                                startActivity(intent);
                            }
                        });
                        //取消则提示框消失
                        builder.setNegativeButton("取消",null);
                        //点击返回或点击提示框外边缘提示框不消失
                        builder.setCancelable(false);
                        builder.show();
                    }
                });
        }
        public String phone(){
        //9 代表循环九次，产生九个随机号码
            for (int i = 0; i < 9; i++) {
                //定义电话号码以 136 开头
                number = "136";
                //定义 random，产生随机数
                Random random = new Random();
                for (int j = 0; j < 8; j++) {
                    //生成 0~9 个随机数
```

```
                number += random.nextInt(9);
        }
    }
    return number;
}
```

运行项目实现如图 5.29 所示效果。

图 5.29 通讯录界面

程序的最后还需要将 TeacherActivity、SignInfoActivity 和 AddressBookActivity 三个界面通过使用 TabHost 控件连在一起，最终可以实现界面的左右切换，效果如图 5.30 所示。

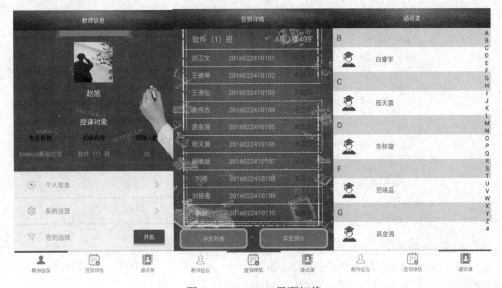

图 5.30 TabHost 界面切换

实现以上效果的步骤如下。

第一步：在 layout 文件夹中找到 activity_main.xml 文件，在其文件中添加代码。TabHost 界面布局代码如下所示。

```xml
<?xml version="1.0" encoding="utf-8"?>
<FrameLayout xmlns:android="http://schemas.android.com/apk/res/android"
    android:id="@+id/container"
    android:layout_width="fill_parent"
    android:layout_height="fill_parent" >
    <TabHost
        android:id="@android:id/tabhost"
        android:layout_width="fill_parent"
        android:layout_height="fill_parent"
        android:background="@drawable/bg"
        >
        <LinearLayout
            android:layout_width="fill_parent"
            android:layout_height="fill_parent"
            android:orientation="vertical" >
            <FrameLayout
                android:id="@android:id/tabcontent"
                android:layout_width="fill_parent"
                android:layout_height="0.0dp"
                android:layout_weight="1"
                >
            </FrameLayout>
            <TabWidget
                android:id="@android:id/tabs"
                android:layout_width="fill_parent"
                android:layout_height="60dp"
                android:gravity="center"
                android:showDividers="none"
                >
            </TabWidget>
        </LinearLayout>
    </TabHost>
</FrameLayout>
```

第二步：在 activity 文件夹中找到 MainActivity.java 文件，并在其中添加代码，实现三个界面的切换及文字和图片颜色的变化，界面切换代码如下所示。

```java
public class MainActivity extends TabActivity {
```

```
    private TabHost mTabHost;
    //底部图片集合
    private int []mTabImage=new int[]{R.drawable.selector_cmb_tabitem_image_mine,
                            R.drawable.selector_cmb_tabitem_image_sign,
                            R.drawable.selector_cmb_tabitem_image_address};
    //底部文字集合
    private int []mTabText=new int[]{R.string.tab_1,R.string.tab_2,R.string.tab_3};
    private String[]mTabTag=new String[]{"tab1","tab2","tab3"};
    //所要切换的界面
    private Class<?>[] mTabClass=new Class<?>[]{TeacherActivity.class,
                        SignInfoActivity.class,AddressBookActivity.class};
    public static MainActivity instance = null;
    @Override
    protected void onCreate(Bundle savedInstanceState) {
        super.onCreate(savedInstanceState);
        setContentView(R.layout.activity_main);
        initUI();
    }
    private void initUI()
    {
        this.mTabHost=this.getTabHost();
        this.mTabHost.setup();
        //设置显示的图像和文字
        for(int i=0;i<mTabClass.length;i++)
        {
            View view= LayoutInflater.from(this).inflate(R.layout.tab_cmb_item, null);
        //图片切换变化方法
        ((ImageView)view.findViewById(R.id.tabwidget_item_image)).setImageResource(mTabImage[i]);
        //文字切换变化方法
        ((TextView)view.findViewById(R.id.tabwidget_item_text)).setText(mTabText[i]);
        //界面切换变化方法
        this.mTabHost.addTab(this.mTabHost.newTabSpec(mTabTag[i]).setIndicator(view).
                setContent(new Intent(this,mTabClass[i])));
        }
        //设置默认选中项
        this.mTabHost.setCurrentTab(0);
    }
}
```

运行项目，实现如图 5.30 所示效果。

Android APP 项目开发教程

【习题】

一、选择题

1. Service 的生命周期不包含(　　　)。

A. onCreate()　　　　　　B. onStart()　　　C. onDestroy()　　　　　D. onStop()

2. 下列选项(　　)不是四大组件。

A. Activity　　　　　　B. Intent　　　　　C. Service　　　　　　D. ContentProvider

3. 广播发送的启动方式是(　　　)。

A. 显式启动　　　　　　B. 隐式启动　　　　C. A 和 B 都可以　　　D. 以上说法不正确

4. 使用选项卡时，通过调用(　　)方法，获取 TabHost 对象。

A. getTabHost()　　　　　　　　　　　B. newTabSpec()

C. addTab()　　　　　　　　　　　　　D. removeTab()

5. 设置选项卡按钮名称的属性是(　　　)。

A. setTitle()　　　　　　　　　　　　B. setIndicator("xx")

C. setContent()　　　　　　　　　　　D. tabHost.add(tag)

二、填空题

1. Service 的启动有两种方式：_____和_____。

2. Service 的生命周期并不像 Activity 那么复杂，它只继承了_____、_____、_____三个方法。

3. BroadcastReceiver 一旦结束，此时 BroadcastReceiver 所在的进程很容易在系统需要内存时被优先杀死，因为它属于_____。

4. 实现 BroadcastReceiver 的方法只需重写 BroadcastReceiver 的_____方法即可。

5. _____用来实现导航栏布局切换页面。

三、上机题

通过 TabHost 实现首页、个人信息及通讯录选项卡效果。

【任务总结】

◇　Service 是可以在后台长时间执行的应用组件，创建和配置 Service 一般需要定义继承 Service 的子类、启动、关闭、配置 Service、将 Service 绑定到 Activity。

◇　广播分为普通广播和有序广播。发送广播需要调用 Context 的 sendBroadcast()方法，广播将会启动 Intent 参数所对应的 BroadcaseReceiver。

◇　BroadcastReceiver 用于接收程序所发出的 Broadcast Intent，需要两步启动：创建 BroadcastReceiver 的 Intent 和调用 Context 的 sendBroadcast()方法或 sendOrderedBroadcast()方法。

◇　TabHost 用来实现导航栏布局切换页面，其使用步骤分为定义布局、继承 TabActivity、创建添加选项卡和设置选项卡。

学习情境六　Android Studio 常见报错处理与"优签到"项目开发

工作任务一　Android Studio 常见报错处理

【问题导入】

每一个应用在开发过程中都不免会遇到各种各样的错误，"优签到"APP 项目在开发时也存在一些报错问题，所以需要开发人员对于一些基本报错能够做到第一时间处理。下面就来看一看 Android Studio 中的常见报错及一些快速的处理方法。

【学习目标】

通过"优签到"APP 项目的完成，了解 Android Studio 中常见报错分析，学习 Android Studio 中基本报错解决方法，掌握项目开发过程中的注意事项，具备处理 Android Studio 报错的能力。

【任务描述】

在"优签到"APP 项目编写过程中会遇到一些报错信息，如空指针异常、数组溢出、gradle 中 SDK 版本不符等一系列问题。对于出现的一些问题，在开发过程中也将其保留下来，以便当后期开发人员遇到此类问题时能够自行解决。本任务主要对项目开发过程中遇到的问题进行汇总并说明解决方法。

【知识与技能】

技能点 1　常见报错及解决方案

1. Android Studio 报错简述

Android Studio 在开发过程中会出现各式各样的错误，常见的错误有 Android Studio 不能正常启动、从外界导入的程序不兼容、资源文件的丢失、SDK 报错等。这些错误会导致软件和程序不能正常运行，对于开发者来说这是一件必须要解决的事。

2．Android Studio 常见报错及解决方案

(1) x86 emulation currently requires hardware acceleration。

启动 Android 虚拟机时，出现如图 6.1 所示的错误对话框。

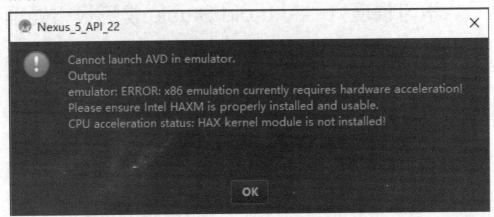

图 6.1　错误对话框

出现这种情况的原因是：x86 虚拟机是依赖于 Intel 的 Virtualization Technology 功能，当 Virtualization Technology 功能关闭或 Intel HAXM 软件未安装时，会导致模拟器启动失败。

解决该错误的方法有三种：

① 在计算机的 BIOS 中打开 Virtualization Technology 功能，如图 6.2 所示。

② 安装 Intel HAXM。

③ 成功启动 AVD 虚拟机。

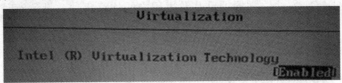

图 6.2　BIOS 界面

(2) java.io.IOException: error=2。

    Error: Cannot run program "/opt/android-sdk/build-tools/19.0.1/aapt": java.io.IOException: error=2, No such file or directory

    :Client:mergeDebugResources FAILED

出现这种情况的原因是：Android SDK 中的 adb、aapt 等程序是 32 位，当使用 Ubuntu64 位的系统时，Android Studio 就会报出该错误。

解决该错误的方法是：在 Ubuntu 64 位系统上安装 32 位兼容库。

(3) APP 机器人位置(select run/debug Configuration)出现红叉。

出现这种情况的原因是：文件换包导致了 Android 配置文件(AndroidManifest.xml)出现错乱。

解决该错误的方法有两种：

① 先使用 clean 与 rebulde，如果不能解决，则进行下一步。

② 在 AndroidManifest.xml 文件中查看注册的 Activity 有没有报错。一般是清单文件错误问题，检查清单文件中应用程序包名和 Activity 的名字。

(4) R 文件出现红色，如图 6.3 所示。

this adds items to the action bar
late(R.menu.menu_main, menu);

图 6.3　R 文件错误

出现这种情况的原因是：资源文件没有自动生成，缺少资源文件。

解决该错误的方法是：查看布局文件错误，直接进行编译，在 Message 面板根据给出的提示找出对应行的错误。

(5) v4 包的版本不一致。

java.lang.NoClassDefFoundError: com.jcodecraeer.devandroid.MainActivity

出现这种情况的原因是：不同的 module 组件中使用的 v4 包版本不一致。

解决该错误的方法是：在 build 中修改成一样的 v4 版本的包。

(6) 出现如下所示错误。

Error:(26, 9) Attribute application@icon value=(@drawable/logo) from AndroidManifest.xml:26:9

Error:(28, 9) Attribute application@theme value=(@style/ThemeActionBar) from AndroidManifest.xml:28:9

is also present at XXXX-trunk:XXXXLib:unspecified:15:9 value=(@style/AppTheme)

Suggestion: add 'tools:replace="android:theme" 'to <application> element at AndroidManifest.xml:24:5

to override

Error:Execution failed for task ':XXXX:processDebugManifest'.

> Manifest merger failed with multiple errors, see logs

出现这种情况的原因是：Android Studio 的 Gradle 插件默认会启用 Manifest Merger Tool，若 Library 项目中也定义了与主项目相同的属性(例如默认生成的 android:icon 和 android:theme)，则此时会合并失败并报错。

解决该错误的方法有两种：

① 在 Manifest.xml 的 application 标签下添加"tools:replace="android:icon, android:theme""属性(多个属性用"，"隔开，并且在 manifest 根标签上加入 "xmlns:tools= "http://schemas.android.com/tools"")。

② 在 build.gradle 根标签上加上 "useOldManifestMerger true"。

(7) Android Studio SDK directory does not exists，如图 6.4 所示。

图 6.4　SDK 报错对话框

出现这种情况的原因是：因为网络上 Download 是一个开源的项目，想把它导入到 Android Studio 中，但由于本来项目的 SDK 目录和下载项目的 SDK 目录不同，所以会出现报错。

解决该错误的方法是：打开下载的项目根目录，找到 local.properties 文件并打开，修改 "sdk.dir" 条目，改为系统下的 SDK 目录，如图 6.5 所示。

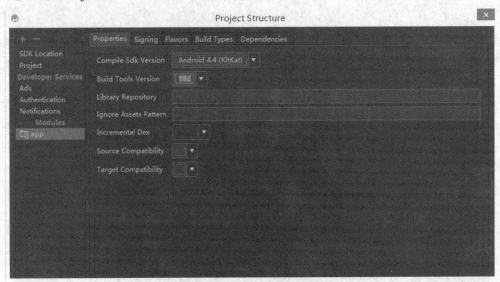

```
local.properties ×
1   ## This file is automatically generated by Android Studio.
2   # Do not modify this file -- YOUR CHANGES WILL BE ERASED!
3   #
4   # This file should *NOT* be checked into Version Control Systems,
5   # as it contains information specific to your local configuration.
6   #
7   # Location of the SDK. This is only used by Gradle.
8   # For customization when using a Version Control System, please read the
9   # header note.
10  sdk.dir=D\:\\Developer\\Android\\sdk
```

图 6.5 local.properties 文件

(8) 在编译的时候出现"Failure [INSTALL_FAILED_OLDER_SDK]"。

出现这种情况的原因是：Android Studio 自动设置了 compileSdkVersion。

解决该错误的方法有两种：

① 修改 build.gradle 下的"compileSdkVersion 'android-L'"为本机已经有的 SDK 版本，例如 compileSdkVersion 19。

② 打开 Project Structure，如图 6.6 所示。

图 6.6 Project Structure 设置界面

把 Compile SDK Version 改为符合的版本，在 build.gradle 中 compileSdkVersion 会对应得到改变，如图 6.7 所示。

```
android {
    compileSdkVersion 19
    buildToolsVersion 25.0.0
    defaultConfig {
        applicationId "com.example.administrator.application"
        minSdkVersion 19
        targetSdkVersion L
        versionCode 1
        versionName "1.0"
```

图 6.7　片段代码 1

修改 build.gradle 中"targetSdkVersion"L""为上面设置的版本，如图 6.8 所示。

```
android {
    compileSdkVersion 19
    buildToolsVersion 25.0.0
    defaultConfig {
        applicationId "com.example.administrator.application"
        minSdkVersion 19
        targetSdkVersion 25
        versionCode 1
        versionName "1.0"
```

图 6.8　片段代码 2

(9) 运行时出现空指针异常(NullpointExcepition)，如图 6.9 所示。

```
java.lang.NullPointerException
    at android.widget.AbsListView.obtainView(AbsListView.java:2179)
    at android.widget.ListView.makeAndAddView(ListView.java:1840)
    at android.widget.ListView.fillDown(ListView.java:675)
    at android.widget.ListView.fillFromTop(ListView.java:736)
    at android.widget.ListView.layoutChildren(ListView.java:1655)
    at android.widget.AbsListView.onLayout(AbsListView.java:2012)
    at android.view.View.layout(View.java:14289)
    at android.view.ViewGroup.layout(ViewGroup.java:4562)
    at android.widget.RelativeLayout.onLayout(RelativeLayout.java:1076)
    at android.view.View.layout(View.java:14289)
    at android.view.ViewGroup.layout(ViewGroup.java:4562)
```

图 6.9　空指针异常

出现这种情况的原因是：未定义的控件、返回空值、字符串变量未初始化、接口类型的对象没有用具体的类初始化等。

解决该错误的方法是：在 log 文件中找到相对应的行，有针对性地检查代码。

(10) 数组越界异常，具体报错如下所示：

```
FATAL EXCEPTION: main
Process: package.xxx.xxx.xxx, PID: 10477
Java.lang.ArrayIndexOutOfBoundsException: length=3; index=3
at Android.widget.AbsListView$RecycleBin.scrapActiveViews(AbsListView.java:6744)
at android.widget.ListView.layoutChildren(ListView.java:1698)
at android.widget.AbsListView.onLayout(AbsListView.java:2169)
at android.view.View.layout(View.java:15794)
at android.view.ViewGroup.layout(ViewGroup.java:5059)
at android.widget.FrameLayout.layoutChildren(FrameLayout.java:579)
at android.widget.FrameLayout.onLayout(FrameLayout.java:514)
at android.view.View.layout(View.java:15794)
at android.view.ViewGroup.layout(ViewGroup.java:5059)
at android.widget.LinearLayout.setChildFrame(LinearLayout.java:1734)
at android.widget.LinearLayout.layoutVertical(LinearLayout.java:1588)
at android.widget.LinearLayout.onLayout(LinearLayout.java:1497)
at android.view.View.layout(View.java:15794)
```

出现这种情况的原因是：当使用 Listview 的多布局时，getItemViewType 需要从 0 开始计数，并且 getViewTypeCount 要大于 getItemViewType 中的数。

解决该错误的方法是：找出对应行的错误代码，修改至符合规则。

(11) 添加第三方库出现的问题。

```
Error:Execution failed for task ':app:processDebugManifest'.
Manifest merger failed :
    uses-sdk:minSdkVersion 14 cannot be smaller than version 19 declared in library
[com.github.meikoz:basic:2.0.3]
/AndroidStudioCode/EnjoyLife/app/build/intermediates/exploded-aar/
com.github.meikoz/basic/2.0.3/AndroidManifest.xml
Suggestion: use tools:overrideLibrary="com.android.core" to force usage
```

出现这种情况的原因是：引入的第三方库最低支持版本高于项目的最低支持版本。异常中的信息显示项目的最低支持版本为 14，而第三方库的最低支持版本为 19，所以抛出了这个异常。

解决该错误的方法是：在 AndroidManifest.xml 文件的标签中添加 <uses-sdk tools:overrideLibrary="xxx.xxx.xxx"/>，其中的 xxx.xxx.xxx 为第三方库包名，如果存在多个库有此异常，则用逗号分隔它们，例如 <uses-sdk tools:overrideLibrary="xxx.xxx.aaa, xxx.xxx.bbb"/>。

(12) Need XXX permission 报错，如图 6.10 所示。

```
FATAL EXCEPTION: main
Process: com.example.administrator.application, PID: 20522
java.lang.SecurityException: Need BLUETOOTH permission: Neither user 10335 nor current process has android.permission.BLUETOOTH
    at android.os.Parcel.readException(Parcel.java:1460)
    at android.os.Parcel.readException(Parcel.java:1423)
    at android.bluetooth.IBluetoothManager$Stub$Proxy.getAddress(IBluetoothManager.java:395)
    at android.bluetooth.BluetoothAdapter.getAddress(BluetoothAdapter.java:638)
    at com.example.administrator.application.MainActivity.blueToos(MainActivity.java:52)
    at com.example.administrator.application.MainActivity.access$000(MainActivity.java:17)
    at com.example.administrator.application.MainActivity$1.onClick(MainActivity.java:40)
    at android.view.View.performClick(View.java:4446)
    at android.view.View$PerformClick.run(View.java:18480)
    at android.os.Handler.handleCallback(Handler.java:733)
    at android.os.Handler.dispatchMessage(Handler.java:95)
    at android.os.Looper.loop(Looper.java:136)
    at android.app.ActivityThread.main(ActivityThread.java:5315)
    at java.lang.reflect.Method.invokeNative(Native Method) <1 internal calls>
    at com.android.internal.os.ZygoteInit$MethodAndArgsCaller.run(ZygoteInit.java:864)
    at com.android.internal.os.ZygoteInit.main(ZygoteInit.java:680)
    at dalvik.system.NativeStart.main(Native Method)
```

图 6.10 缺少蓝牙权限

出现这种情况的原因是：缺少蓝牙权限。

解决该错误的方法是：添加蓝牙权限，如图 6.11 所示。

```xml
AndroidManifest.xml ×

manifest   uses-permission

<?xml version="1.0" encoding="utf-8"?>
<manifest xmlns:android="http://schemas.android.com/apk/res/android"
    package="com.example.administrator.application">

    <uses-permission android:name="android.permission.BLUETOOTH" />
    <uses-permission android:name="android.permission.BLUETOOTH_ADMIN" />

    <application
        android:allowBackup="true"
        android:icon="@mipmap/ic_launcher"
        android:label="Application"
        android:supportsRtl="true"
        android:theme="@style/AppTheme">
        <activity android:name=".MainActivity">
```

图 6.11 添加蓝牙权限

(13) JSON 数据解析问题，异常信息如下所示：

```
org.json.JSONException: Value    of type java.lang.String cannot be converted to JSONObject
```

出现这种情况的原因是：JSON 串头部出现字符"\ufeff"。

解决该错误的方法代码如下：

```java
/**
 * 异常信息：org.json.JSONException: Value of type java.lang.String cannot be converted to JSONObject
 * JSON 串头部出现字符"\ufeff"
 * @param data
 * @return
 */
public static final String removeBOM(String data) {
    if (TextUtils.isEmpty(data)) {
        return data;
```

```
        }
    if (data.startsWith("\ufeff")) {
            return data.substring(1);
        }
    else {
            return data;
        }
}
```

(14) not found ndk()，异常信息如下所示：

```
Error:(15, 0) Gradle DSL method not found: 'ndk()' method-not-found-ndk
```

出现这种情况的原因是：ndk()配置在 build.gradle 配置文件中的位置出错。

解决该错误的方法代码如下：

```
apply plugin: 'com.android.application'
android {
    compileSdkVersion 23
    buildToolsVersion "23.0.2"
    defaultConfig {
        applicationId "com.guitarv.www.ndktest"
        minSdkVersion 17
        targetSdkVersion 23
        versionCode 1
        versionName "1.0"
//修改 build.gradle 中 ndk 的配置位置
        ndk {
            moduleName = "HelloJNI"
        }
        sourceSets.main {
            jni.srcDirs = []
            jniLibs.srcDir "src/main/libs"
        }
    }
    buildTypes {
        release {
            minifyEnabled false
            proguardFiles getDefaultProguardFile('proguard-android.txt'), 'proguard-rules.pro'
        }
    }
}
```

【任务实现】

以下针对开发人员在"优签到"APP 项目开发过程中常见的一些问题列出了解决方案。

(1) 空指针异常。

在调试项目的过程中常常出现空指针的报错，但是却找不到具体的位置。如图 6.12 所示为教师信息模块完成运行项目后空指针报错的形式。

```
Caused by: java.lang.NullPointerException: Attempt to invoke virtual method 'void android.widget.TextView.setText
    at count.example.UQD_App.activity.TeacherActivity.initview(TeacherActivity.java:45)
    at count.example.UQD_App.activity.TeacherActivity.onCreate(TeacherActivity.java:36)
    at android.app.Activity.performCreate(Activity.java:7136)
    at android.app.Activity.performCreate(Activity.java:7127)
    at android.app.Instrumentation.callActivityOnCreate(Instrumentation.java:1271)
    at android.app.ActivityThread.performLaunchActivity(ActivityThread.java:2893)
    at android.app.ActivityThread.startActivityNow(ActivityThread.java:2723)
```

图 6.12　空指针异常

空指针异常的解决方法有很多种。在 Android 中出现时首先要考虑到定义的控件 ID 是否引用正确；控件是否在该 Activity 中被 FindViewBy(int Id) 获取到。如果这两方面都没有问题，那么就要查找是否在定义字符串或其他类型数据时对其赋予初始值。

当点击异常中第二行的"TeacherActivity.java:45"时，会将错误定义在相应位置，效果如图 6.13 所示。

```
tv_teacher_profession = (TextView) findViewById(R.id.tv_teacher_profession);
tv_teacher_classname = (TextView) findViewById(R.id.tv_teacher_classname);
tv_teacher_numb = (TextView) findViewById(R.id.tv_teacher_numb);
title_bar=(RelativeLayout) findViewById(R.id.title_bar);
tv_main_title.setText("教师信息");
tv_back=(TextView) findViewById(R.id.tv_back);
tv_back.setVisibility(View.GONE);
ll_head=(LinearLayout) findViewById(R.id.ll_head);
rl_setting = (RelativeLayout) findViewById(R.id.rl_setting);
```

图 6.13　异常定位

那么此处的错误为没有将"tv_main_title"这个控件进行 FindViewBy(int Id) 获取，只需在其使用以前加上获取方法即可，效果如图 6.14 所示。

```
tv_teacher_profession = (TextView) findViewById(R.id.tv_teacher_profession);
tv_teacher_classname = (TextView) findViewById(R.id.tv_teacher_classname);
tv_teacher_numb = (TextView) findViewById(R.id.tv_teacher_numb);
title_bar=(RelativeLayout) findViewById(R.id.title_bar);
tv_main_title=(TextView) findViewById(R.id.tv_main_title);
tv_main_title.setText("教师信息");
tv_back=(TextView) findViewById(R.id.tv_back);
tv_back.setVisibility(View.GONE);
ll_head=(LinearLayout) findViewById(R.id.ll_head);
rl_setting = (RelativeLayout) findViewById(R.id.rl_setting);
```

图 6.14　异常处理

(2) gradle 中缺少依赖。

在"优签到"APP 学生签到模块中，需要引用到第三方类库文件(引用的步骤在学习情境三中已经详细说明)。如果缺少 gradle 依赖则会出现如图 6.15 所示的错误信息。

```
▼ 📄 F:\Projets\Apps\BookApp\UQD_Aplication\app\src\main\java\count\example\UQD_App\activity\StudentActivity.java
    ❗ 错误: 程序包com.yzq.zxinglibrary.android不存在
    ❗ 错误: 找不到符号
       符号: 类 CaptureActivity
  ❗ Execution failed for task ':app:compileDebugJavaWithJavac'.
    > Compilation failed; see the compiler error output for details.
```

图 6.15　缺少 gradle 依赖

项目开发中依赖的添加是必不可少的一步，为了加快开发速度有时会使用到第三方类库文件，将其添加在 gradle 中后即可直接在项目中进行调用。如学习情境三中调用摄像头扫码，将所有文件添加至项目中，效果如图 6.16 所示。

```
dependencies {
    compile fileTree(include: ['*.jar'], dir: 'libs')
    androidTestCompile('com.android.support.test.espresso:espresso-core:2.2.2', {
        exclude group: 'com.android.support', module: 'support-annotations'
    })
    compile 'com.android.support:appcompat-v7:25.3.1'
    compile 'com.android.support.constraint:constraint-layout:1.0.0-alpha9'
    compile 'com.belerweb:pinyin4j:2.5.1'
    compile 'com.github.bumptech.glide:glide:3.7.0'
    testCompile 'junit:junit:4.12'
    compile project(':zxinglib')
```

图 6.16　gradle 中添加依赖

(3) 数组溢出。

在项目编写过程中往往会用到很多数组，因为通过数组去处理一些复杂数据，可以在开发时节省很多的时间，同时降低数据处理的出错率，但是数组的使用会增加开发的难度。图 6.17 所示为在最后添加页面切换时数组溢出的报错形式。

```
Caused by: java.lang.ArrayIndexOutOfBoundsException: length=2; index=2
    at count.example.UQD_App.activity.MainActivity.initUI(MainActivity.java:43)
    at count.example.UQD_App.activity.MainActivity.onCreate(MainActivity.java:26)
    at android.app.Activity.performCreate(Activity.java:7136)
    at android.app.Activity.performCreate(Activity.java:7127)
    at android.app.Instrumentation.callActivityOnCreate(Instrumentation.java:1271)
    at android.app.ActivityThread.performLaunchActivity(ActivityThread.java:2893)
    at android.app.ActivityThread.handleLaunchActivity(ActivityThread.java:3048)
```

图 6.17　数组溢出异常

数组溢出异常在开发过程中也是一种常见的报错形式。相对于空指针异常而言，数组溢出异常的解决方式则比较简单，开发人员只需在该 Activity 中找到定义的数组并查看该数组中的数据在引用过程中是否全部引用；如果以上都没有问题，则需要查看该数组的大小是否与引用时获取的大小一致。

当点击异常中第二行的"MainActivity.java:43"时，会将错误定义在相应位置，效果如图 6.18 所示。

```
private TabHost mTabHost;
private int []mTabImage=new int[]{R.drawable.selector_cmb_tabitem_image_mine,
                                 R.drawable.selector_cmb_tabitem_image_sign,
                                 R.drawable.selector_cmb_tabitem_image_address};
private int []mTabText=new int[]{"教师信息","签到详情","通讯录"};
private String[]mTabTag=new String[]{"tab1","tab2"};
private Class<?>[] mTabClass=new Class<?>[]{TeacherActivity.class, SignInfoActivity.class, AddressBookActivity.class};
public static MainActivity instance = null;
```

图 6.18　异常定位

那么此处则是因为"mTabTag"数组的定义大小与引用时所需的数组大小不一致，在引用时需要数组中存在三个值，这里只出现了两个值，所以会出现数组溢出异常。只需在"mTabTag"数组中添加一个相应的值即可，添加后效果如图 6.19 所示。

```
private TabHost mTabHost;
private int []mTabImage=new int[]{R.drawable.selector_cmb_tabitem_image_mine,
                                 R.drawable.selector_cmb_tabitem_image_sign,
                                 R.drawable.selector_cmb_tabitem_image_address};
private int []mTabText=new int[]{"教师信息","签到详情","通讯录"};
private String[]mTabTag=new String[]{"tab1","tab2","tab3"};
private Class<?>[] mTabClass=new Class<?>[]{TeacherActivity.class, SignInfoActivity.class, AddressBookActivity.class};
public static MainActivity instance = null;
```

图 6.19　异常处理

第三方类库文件的添加详见学习情境三操作步骤。

【习题】

一、选择题

1. 以下(　　)不是 R 文件出现红色的原因。

A. 资源文件没有自动生成

B. 缺少资源文件

C. 查看布局文件错误，直接进行编译，在 Message 面板根据给出的提示中找出对应行的错误

D. 因为文件换包导致了 Android 配置文件(AndroidManifest.xml)出现错乱

2. 解决模拟器启动失败问题首先需要(　　)。

A. 在计算机的 BIOS 中打开 Virtualization Technology 功能

B. 安装 Intel HAXM

C. 成功启动 AVD 虚拟机

D. 在 Ubuntu 64 位系统上安装 32 位兼容库

3. 以下 APP 机器人位置(select run/debug Configuration)出现红叉的原因是(　　)。

A. J2SDK 就是 Java API

B. Appletviewer.exe 可利用 jar 选项运行 .jar 文件

C. 能被 java.exe 成功运行的 java.class 文件必须有 main()方法

D. 能被 Appletviewer 成功运行的 java.class 文件必须有 main()方法

4. Android Studio 的 Gradle 插件默认会启用(　　)。

A. Manifest Merger Tool　　　　　　　　　B. instrumentation

C. uses-library　　　　　　　　D. android:icon

5. 出现"AndroidStudio SDK directory does not exists"问题时，应该打开下载的项目根目录，找到(　　)文件，并打开，修改"sdk.dir"条目，改为系统下的 SDK 目录。

A. src　　　　　　B. assets　　　　　　C. res　　　　　　D. local.properties

二、填空题

1. Android Studio 在开发过程中会出现各式各样的错误，常见的错误有 Android Studio 不能正常启动、从外界导入的程序不兼容、_____、SDK 报错等。

2. 86 虚拟机依赖于 Intel 的 Virtualization Technology 功能，当 Virtualization Technology 功能关闭或 Intel HAXM 软件未安装时，会导致_____。

3. 解决"java.io.IOException: error=2"错误的方法是_____。

4. 出现 v4 包的版本不一致的原因是：不同的 module 组件中使用的 v4 包版本不一致和_____。

三、上机题

当启动 Android 虚拟机时，出现如图 6.20 所示的错误对话框。根据以上技能点的学习，解决此问题。

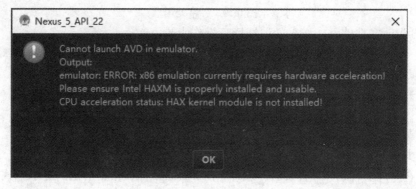

图 6.20　错误对话框

【任务总结】

◇　Android Studio 在开发过程中会出现各式各样的错误，导致软件和程序不能正常运行。

◇　Android Studio 常见报错有 java.io.IOException: error=2、R 文件出现红色、v4 包的版本不一致。

工作任务二　"优签到"项目发布

【问题导入】

在"优签到"APP 的界面与功能实现后，需要对其进行部署和发布。部署指的是将应用程序放在指定的云服务器上，因为数据源是从云上获取，所以要与云进行绑定。而发布则是把此应用程序打包成为 APK，再将其发布在应用商店中。发布过程中需要审核，所以对于程序的安全方面需要进行全面的考虑。当然，一旦应用程序发布成功，那么这个应用程序就属于开发者自己的版权，任何人未经允许不得擅自使用其描述或者图标 Logo。

【学习目标】

通过"优签到"智能终端打包发布，了解 Git 的下载、安装及配置，学习项目上传 Git 的方法，掌握项目的发布步骤，具备将项目部署到服务器并发布到应用商店的能力。

【任务描述】

部署和发布在"优签到"APP 的开发中至关重要，应用程序是否能够被用户所使用，这一步骤必不可少。要想打包发布到应用商店上，首先需要创建一个新 Key，根据需要填写相关项，然后验证是否签名并进行签名，最终项目被打包成 APK，存放在 app 文件夹下。在本任务中将实现"优签到"APP 项目的发布。

【知识与技能】

技能点　项目管理

在项目开发完以后，为了使版本可更新，通常要将其上传至 Git 上，项目版本更新时通过 Git 更新即可。这里要介绍的是将我们编写的 Android 项目上传到 Git 服务器上。

1. 安装 Git 并配置

第一步：下载安装 Git。Git 是一个免费、开源的分布式版本控制系统，用以有效、高速地处理从很小到非常大的项目版本管理。Git 是 Linus Torvalds 为了帮助管理 Linux 内核开发而开发的一个开放源码的版本控制软件。Git 下载地址为 https://git-scm.com/download/win。根据计算机系统选择相应的版本进行下载，如图 6.21 所示。

图 6.21　选择 Git 版本

下载以后进行安装，Git 的安装比较简单，这里就不详细介绍了。

第二步：集成 Git 到 Android Studio 上，如图 6.22 所示。

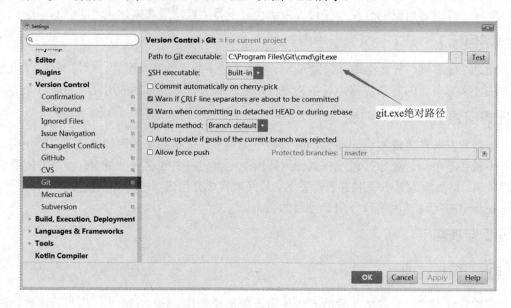

图 6.22　集成 Git 到 Android Studio

第三步：配置 Android Studio 中的 GitHub 账户，如图 6.23 所示。可以通过"Test"测试账号是否可用，如果没有 GitHub 的账号则需要到官网进行注册。

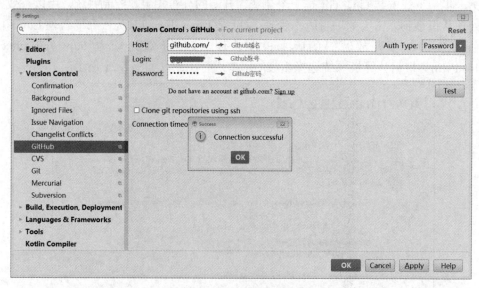

图 6.23　配置 GitHub 账户

至此 Git 已经集成到 Android Studio 上，接下来介绍项目的部署方法。

2．上传方法

这里要说明一下，GitHub 算是 Git 服务器的一种，另外还有很多可能会使用到的 Git 服务器，比如常用的 GitLab 或者 csdn 的代码托管服务等，都是大同小异。这里以 GitHub

为例，介绍三种操作方法，前两种可以通用。

(1) 先创建项目，后与 Git 连接。

① 首先准备一个项目，单击"VCS"→"Enable Version Control Integration"，如图 6.24 所示。在弹出框右边选上"Git"，如图 6.25 所示。右键单击项目出现 Git 选项，项目文件颜色变为红色，在 Android Studio 右下角出现"Git:master"，如图 6.26 所示。

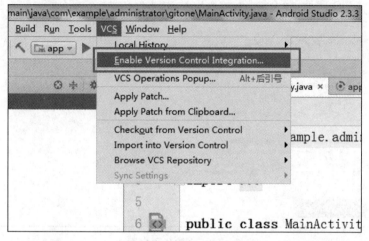

图 6.24　进入 Git 界面

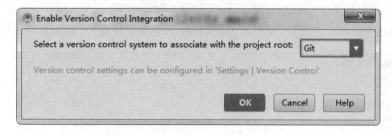

图 6.25　确认进入

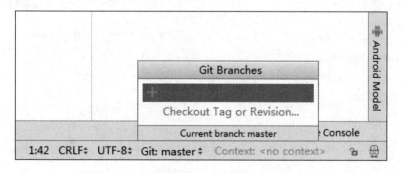

图 6.26　添加 Git

② 在 GitHub 上创建远程代码仓库 GitTest(注意，这里名字可以和项目名字不一样)。登录 GitHub，进入个人主页，切换到 Repositories，然后单击"new"创建。可以写上描述，选择公开或私有，也可以选择为项目添加一个 README 说明文件，如图 6.27 所示。

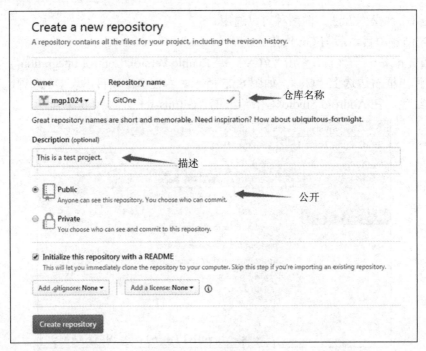

图 6.27　创建代码仓库

设置完成之后单击"Create repository"按钮。此时已经完成远程代码仓库的创建，单击"Clone or download"按钮，复制下方的链接(下边需要使用)，如图 6.28 所示。

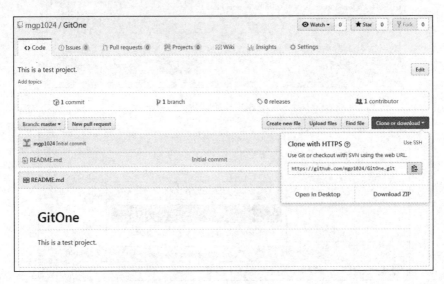

图 6.28　完成创建

③ 返回 Android Studio，在提交项目之前要配置好 gitignore 文件。此时将项目展开会发现 Android Studio 已经帮我们生成了 gitignore 文件，在项目根目录有一个，在 app 目录也有一个。项目根目录的 gitignore 文件内容如图 6.29 所示。

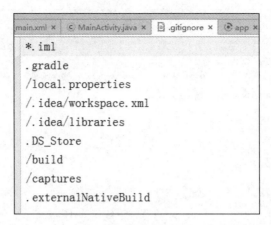

图 6.29　创建成功结果

切换到 project 模式下会发现，项目中的文件并不是都变红了，有的是白色，那么这些没有变红的文件则被这个 gitignore 文件忽略掉，开发人员关心的是哪些文件应该被忽略，哪些文件不应该忽略。Android Studio 能在编译过程中自动生成的文件都不应该提交上去，这些文件主要包括.idea、.gradle、.iml 文件以及配置 sdk 路径的 local.properties 等。

④ 准备工作之后将开始提交代码，在项目根目录上单击"Git"→"add"，将代码添加到索引库，然后单击"Git"→"Commit Directory"，将代码提交到本地仓库。

⑤ 单击"Git"→"Repository"→"push"，将代码 push 提交到远程仓库。在弹出框里面输入之前创建的 git 远程仓库地址 https://github.com/mgp1024/GitTest.git，单击"OK"按钮(如果没有登录会提示登录，如果历史登录过则不需要)，最后单击"push"按钮。

这时候在右下角会有一个"Push rejected"提示(如图 6.30 所示)，原因是本地仓库的 master 主线并没有和远程仓库的 master 主线绑定上。那么首先要单击"Git"→"Repository"→"fetch"，获取到远程 master 分支，这时在右下角显示了"origin/master"，如图 6.31 所示。

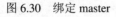

图 6.30　绑定 master　　　　　　　图 6.31　添加绑定

接着需要通过命令来完成绑定，在 Terminal 里面可以输入命令。如果不用 Android Studio 可视化工具，而是用 git push 命令，会进行提示，以完成绑定。Git 很智能，建议多用命令来操作。

然后返回 push，会弹出一个 merge 提示框，单击"merge"后报错，单击"Pull"后发现也报错，则应用另一句 Git 命令来解决这个问题，如图 6.32 所示。

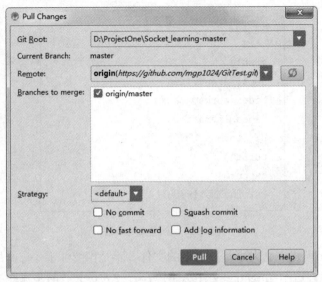

图 6.32　Git 命令

(2) 先创建连接，后创建项目。

① 安装过 Git 客户端后，在桌面单击鼠标右键，再单击"Git Gui here"→"Clone Existing Repository"，如图 6.33 所示。

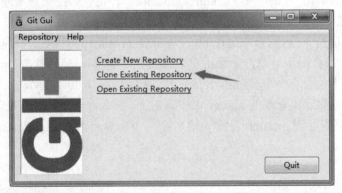

图 6.33　Git 客户端

② 填写远程仓库连接和本地路径(注意，本地路径文件夹 GitTest1 事先不要创建，这里填写完成以后会自动创建)。配置完成以后单击 "Clone" 按钮，如图 6.34 所示。

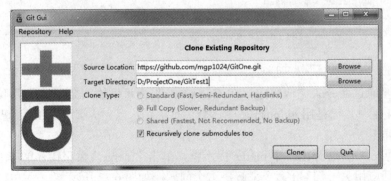

图 6.34　编写路径

③ 在这个目录下会有一个.git 文件夹和 readme 文件。此时发现这样不适用于新建项目，因为这个文件夹里的 Android Studio 无法在这个目录下创建文件，那么只能从其他地方拷贝一份到项目中，之后从 Android Studio 中打开项目进行 add、commit、push 等操作即可。图 6.35 为 Clone 之后的界面。

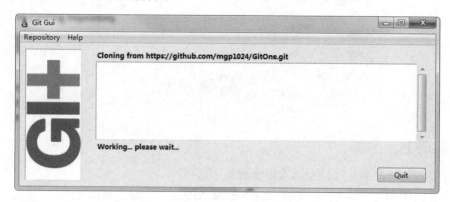

图 6.35　Clone 界面

(3) 直接 share 到 GitHub 上。

无须先在 GitHub 上创建项目，可以直接 share，如果需要可以先修改 gitignore 文件。

① 单击"VCS"→"import into Version Control"→"Share Progect on GitHub"，如图 6.36 所示。

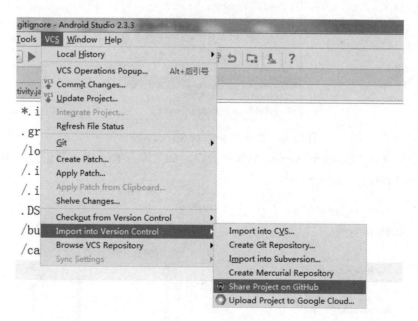

图 6.36　开始 GitHub

② 登录账号，之前登录过的这里就不需要登录了，会自动跳过。

③ 填写信息，填写项目名称、远程仓库名称以及项目的描述，完成之后单击"Share"按钮，如图 6.37 所示。

图 6.37　克隆代码

【任务实现】

"优签到"智能系统项目发布实现步骤如下。

第一步：单击"Build"→"Generate Signed APK..."，如图 6.38 所示。

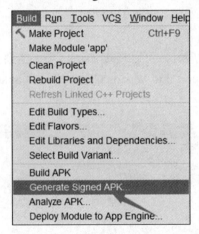

图 6.38　选择"Generate Signed APK..."

第二步：弹出"Generate Signed APK"窗口。如果没有 Key 则需要创建一个，如果有则选择存在的 Key，如图 6.39 所示。

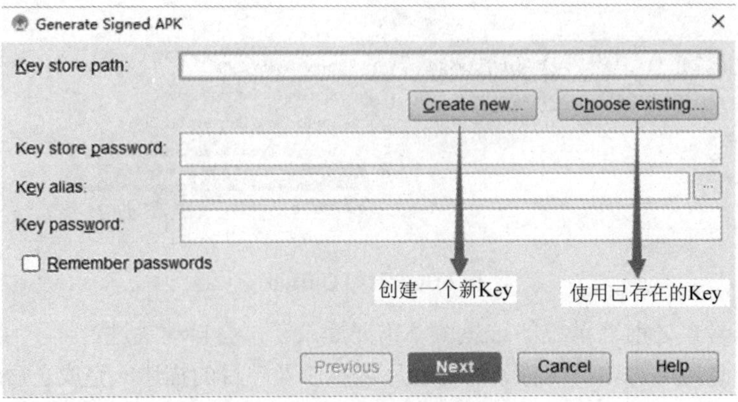

图 6.39　选择 Key

第三步：创建一个新 Key，根据需要填写相关项，如图 6.40 所示。

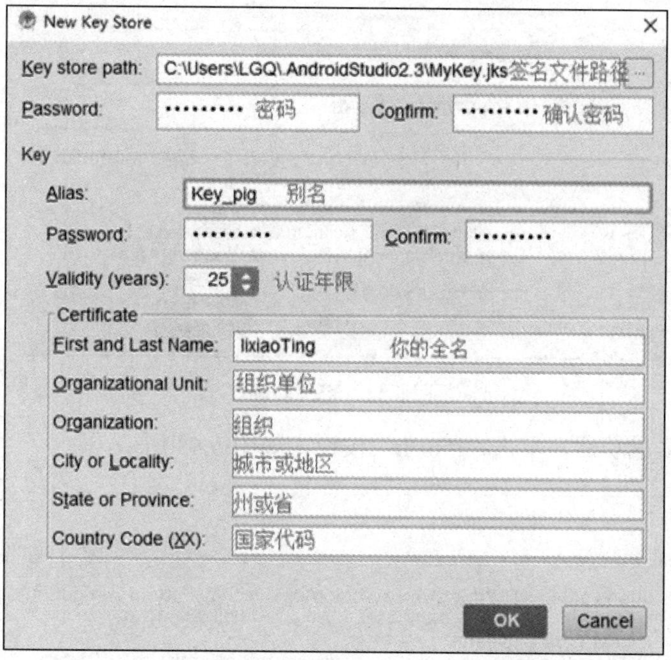

图 6.40　创建 Key

第四步：单击"OK"按钮，可以看到已经填写的信息；如没有，则需手动填写。可根据需要选择是否记住密码，如图 6.41 所示。

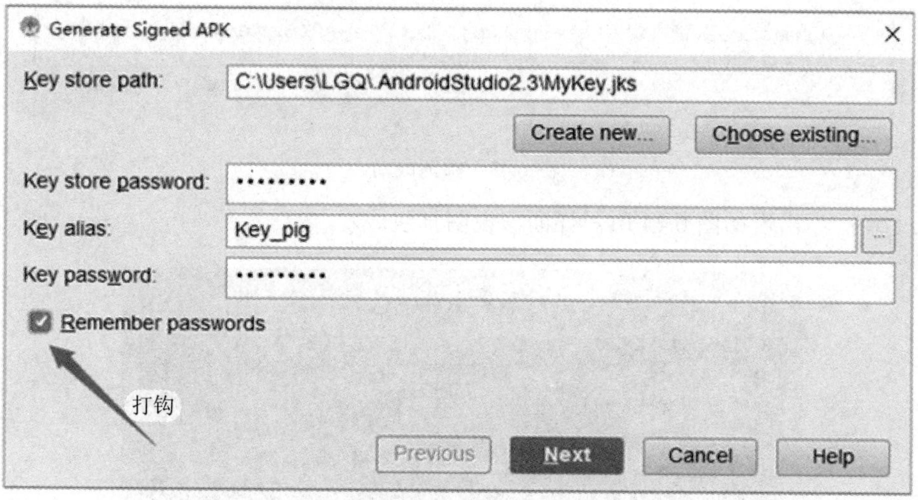

图 6.41　填写密码

第五步：单击"Next"按钮，出现密码验证，然后单击"OK"按钮，如图 6.42 所示。

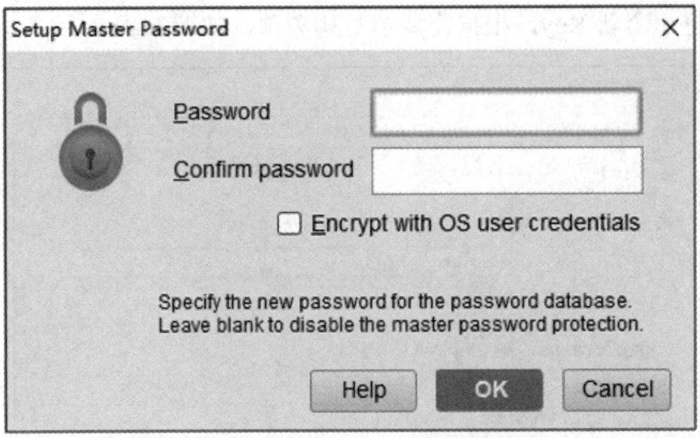

图 6.42　密码验证

第六步：验证成功后，单击"Finish"按钮，如图 6.43 所示。

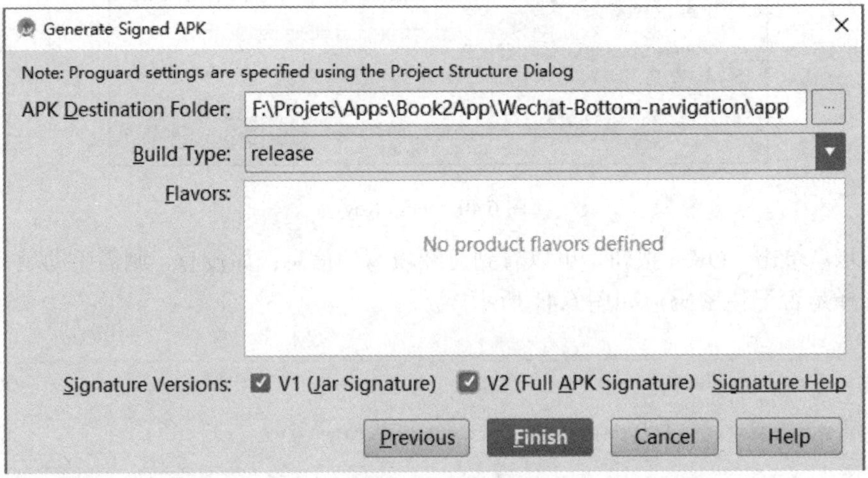

图 6.43　验证成功

第七步：当出现如图 6.44 所示界面，说明打包成功。

图 6.44　打包成功

第八步：打包后的 APK 存放在 app 的目录下，如图 6.45 所示。

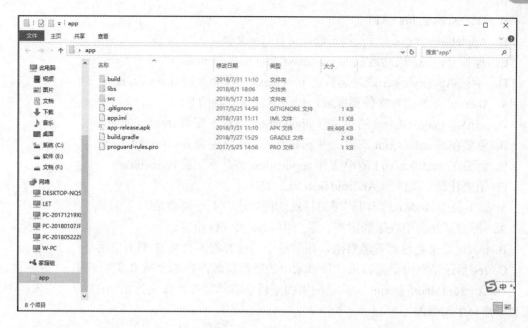

图 6.45　打包后的 APK

第九步：打包签名完成后，如果要验证是否签名，只需要输入如图 6.46 所示指令即可。

```
F:\Projets\Apps\Book2App\Wechat-Bottom-navigation\app>-jarsigner -verbose -certs -verify app-release.apk
```

图 6.46　验证是否签名

效果如图 6.47 所示。

```
s = 已验证签名
m = 在清单中列出条目
k = 在密钥库中至少找到了一个证书
i = 在身份作用域内至少找到了一个证书

jar 已验证。
```

图 6.47　验证效果

【习题】

一、选择题

1. Git 的特点是(　　)。

A. 高效　　　　　B. 简洁　　　　　C. 安全　　　　　D. 闭源

2. 下列专用名词错误的是(　　)。

A. Workspace：工作区

B. Index / Stage：暂存区

C. Repository：数据存储区

D. Remote：远程仓库

3. 下列说法正确的是(　　)。

　A. J2SDK 就是 Java API

　B. Appletviewer.exe 可利用 jar 选项运行 .jar 文件

　C. 能被 java.exe 成功运行的 java.class 文件必须有 main()方法

　D. 能被 Appletviewer 成功运行的 java.class 文件必须有 main()方法

4. Android 下的清单文件要配置，以下说法不正确的是(　　)。

　A. 需要在 manifest.xml 清单文件 application 节点下配置 instrumentation

　B. 需要在 manifest.xml 清单文件 manifest 节点下配置 instrumentation

　C. 需要在 manifest.xml 清单文件 application 节点下配置 uses-library

　D. 需要让测试类继承 AndroidTestCase 类

5. 以下关于 Android 应用程序的目录结构描述中不正确的是(　　)。

　A. src 目录是应用程序的主要目录，由 Java 类文件组成

　B. assets 目录是原始资源目录，该目录中的内容将不会被 R 类所引用

　C. res 目录是应用资源目录，该目录中的所有资源内容都会被 R 类所索引

　D. AndroidManifest.xml 文件是应用程序目录清单文件，该文件由 ADT 自动生成，不需要程序员手动修改

二、填空题

1. Git 是一个_____、_____的分布式版本控制系统

2. Git 是_____为了帮助管理 Linux 内核开发而开发的一个开放源码的版本控制软件。

3. Git 用以_____、_____的处理从很小到非常大的项目版本管理。

4. GitHub 是 Git 服务器的一种，另外还有很多可能会使用到的 Git 服务器，比如常用的_____，或者_____的代码托管服务等。

5. 使用_____可以直接分享到 GitHub 上。

三、上机题

将本课程中"优签到"项目根据技能点步骤自行发布到 Git 中。

【任务总结】

◇　Git 的安装与配置：下载安装 Git，把 Git 集成到 Android Studio 上，配置 Android Studio 中的 GitHub 账户。

◇　Git 上传项目的方法：先创建项目，后与 Git 连接；先创建连接，后创建项目；直接 share 到 GitHub 上。

附录　关键词汇中英文对照

线性布局　LinearLayout

相对布局　RelativeLayout

表格布局　TableLayout

帧布局　FrameLayout

绝对布局　AbsoluteLayout

组件　component

存储类　SharedPreferences

处理者　manager

项目　project

方向　orientation

安卓　Android

垂直的　vertical

水平的　horizontal

驻留程序　install

窗口　window

查找布局 Id　findViewById

结束　finish

布局　layout

背景　background

颜色　color

可拉的　drawable

创造　create

点击　onClick

生成文本　makeText

重力　gravity

中心　center

意图　intent

背景颜色　background-color

选择　select

相对　relative

影像　image

视图　view

数组　array

价值　values

简单的　simple

场所、地点　locale

适配器　adapter

来源　resources

项目　item

记着　remember

注册　register

插入　insert

删除　delete

清单　list

入口处　entry

错误　false

字符串　string

方格　grid

中断　break

类型　type

基础　base

导入　import

开关　switch

保存即时状态　savedInstanceState

char 值的一个可读序列　CharSequence

文件体　body

终结的　final

填充　fill

类　class

按键　button

水平居中　centerHorizontal

定义　define

垂直居中　centerVertical

单精度　float

索引　index

线程　thread

可捕获的　runable

标题　title

父类居中　centerInparent

接收者　receiver

广播　broadcast

状态　state

睡眠　sleep

更新　update

当……时　while

系统　system

宽　width

标签　label

方法　method

供应者　provider

内容　content

解决问题者　resolver

观察员　observer

消息　message

对象　object

公共的　public

扔　throw

显示选择成果　showSelectFruit

关联联系人　QuickContactbadge

计数　count

客户　client

扩展　extends

图像　graphic

主机　host

字节　byte

缓冲器　buffer

解析　resolve

响应　response

请求　request

服务　service

销毁　destroy

启动　startup

复合按钮　compoundButton

改变状态　OnCheckedChange

设置显示界面　setContentView

空指针异常　nullpointerexception

最后　finally

收听者　listener

异常　exception

属性动画　ValueAnimator / ObjectAnimator

动画集　AnimatorSet

透明画布　SurfaceView

打开鼠标设置　OpenModuleSettings

项目结构　ProjectStructure

依赖　Dependencies

模块依赖　ModuleDependency

警告对话框　AlertDialog

进度对话框　ProgressDialog

日期选择对话框　DatePickerDialog

时间选择对话框　TimePickerDialog

SQLite 数据库　SQLite Database

数据矩阵　DataMatrix

简单的适配器　SimpleAdapter

列表视图　ListView

网格视图　GridView

共享参数　SharedPreferences

数据存储之外部存储　ExternalStorage

列表框的模式　spinnerMode

下拉弹出框　dropDownSelector

广播　Broadcast

声明-可设置样式　declare-styleable

经过扩展的图像　PowerImageView

启动服务　startService

停止服务　stopService

绑定服务　bindService

取消绑定服务　unbindService

服务标志　Service flags

接收广播　BroadcaseReceiver

发送广播　sendBroadcast

发送有序广播　sendOrderedBroadcast

选项卡　TabHost

添加选项卡　addTab

帮我选择　Help me choose

空活动　EmptyActivity

设置资源文件背景色　setBackgroundResource

设置文字　setText

设置文字颜色 setTextColor

设置点击事件 setOnClickListener

设置透明度 setAlpha

设置图像内容为 bmp 对象 setImageBitmap

设置图像内容为 Drawable 对象 setImageDrawable

设置图像内容为指定资源 setImageResource

设置图像内容为指定 URL setImageURI

设置选中状态 setSelected

设置图片缩放 setScaleType

设置最大高度 setMaxHeight

设置最大宽度 setMaxWidth

作用时间改变 ACTION_TIME_CHANGED

动作数据改变 ACTION_DATA_CHANGED

动作时区改变 ACTION_TIMEZONE_CHANGED

动作引导完成 ACTION_BOOT_COMPLETED

添加动作包 ACTION_PACKAGE_ADDED

动作包改变 ACTION_PACKAGE_CHANGED

拆下动作包 ACTION_PACKAGE_REMOVED

动作包重新启动 ACTION_PACKAGE_RESTARTED

动作包数据已清除 ACTION_PACKAGE_DATA_CLEARED

动作电池更换 ACTION_BATTERY_CHANGED

动作电池低 ACTION_BATTERY_LOW

动作功率连接 ACTION_POWER_CONNECTED

动作电源断开 ACTION_POWER_DISCONNECTED

动作停机 ACTION_SHUTDOWN

移动 2G 网络模式 GSM(Global System For Mobile Communications)

集成数字增强型网络 IDEN(Integrated Digital Enhanced Network)

电信 2G 网络的网络模式 CDMA(Code Division Multiple Access)

电信的 3G 网络标准 EV-DO(Evolution-Data Optimized)

通用移动通信系统 UMTS(Universal Mobile Telecommunications System)

最早的短消息业务 SMS(Subscriber Management System)

多媒体短信服务(即彩信) MMS(Multimedia Messaging Service)

联系人快捷标识 QuickContactbadge